国家自然科学基金面上项目
"AIGC参与下数字内容生产的价值共创机理与模式研究"
（项目编号72374171）

四川省哲学社会科学重点研究基地川菜发展研究中心项目
"四川饮食文化视域下的食物设计研究"
（项目编号CC23W02）

四川省哲学社会科学重点研究基地中国出土医学文献与文物研究中心项目
"出土医学文献文物的文化创意设计开发研究"
（项目编号CTWX2209）

食物设计

FOOD DESIGN

周　睿　杨子莹　高森孟　/ 著

化学工业出版社

· 北 京 ·

内容简介

这是一本立足于设计学学科和中国本土饮食文化，关于食物设计研究的著作。本书首先对食物设计的概念与内涵进行了梳理、界定和探讨。其次从设计应用角度切入，专门针对食物设计提出了"餐桌框架"维度模型，分别从官能、场景、关系、功能等方面阐述了食物设计的创新路径。对食物设计范畴的外延，诸如药食同源观念、食品包装、美食媒介设计、饮食器皿、餐饮空间逐一展开食物设计视域的分析。此外，还对美食非遗、食物主题、农创产品等在内的美食类文创产品展开了创意设计论述。同时结合价值共创理论和 AIGC 参与数字创意设计的视角探讨了食物设计的创新趋势、食物设计的数字化发展方向。最后，回归到本土的巴蜀文化与天府文化视域，展开对川派食物设计的实践与探索。

本书可供食物设计研究领域的人员参考，也可作为高校设计学、旅游、食品相关专业的师生参考，亦适合对食物创新与创作实践感兴趣的读者阅读。

图书在版编目（CIP）数据

食物设计 / 周睿，杨子莹，高森孟著. -- 北京：
化学工业出版社，2024.4
ISBN 978-7-122-44981-8

Ⅰ. ①食… Ⅱ. ①周… ②杨… ③高… Ⅲ. ①食品—
设计 Ⅳ. ①TS972.114

中国国家版本馆 CIP 数据核字（2024）第 063050 号

责任编辑：孙梅戈   文字编辑：刘　璐
责任校对：宋　玮   装帧设计：对白设计　梁宇航

出版发行：化学工业出版社（北京市东城区青年湖南街 13 号　邮政编码 100011）
印　　装：北京宝隆世纪印刷有限公司
787mm×1092mm　1/16　印张 14¼　字数 220 千字　2024 年 6 月北京第 1 版第 1 次印刷

购书咨询：010-64518888   售后服务：010-64518899
网　　址：http://www.cip.com.cn

定　　价：69.80 元

前言

　　食物设计从字面上理解是以食物为核心而展开的设计，最常见的类型是将食物作为一种载体或介质，通过对各种资源的整合与再设计，赋予食物除了基本饮食生理需求以外的新的品质。但食物设计之所以受到愈发多的关注，并逐步成为设计学领域新兴的研究方向，其精髓更在于通过食物重塑人与食物、人与人、人与社会乃至人与自然之间的关系，还能挖掘并彰显食物背后的饮食文化，甚至触达人们内心的记忆情感，从而引发心灵共鸣。有目的、有方法、有路径的食物设计创新，势必能给人带来饮食与文化的多维度融合体验。食物设计的创新价值绝不仅仅囿于提升饮食体验，更是探寻契合当代生活形态，关乎文化认同与生态文明、传承传统文化与提升文化软实力，甚至是面向未来 AI 数智时代的创新。

　　我国的饮食文化源远流长博大精深，饮食文化积淀更是丰厚异常。从狭义的食物设计内容来看，诸如面塑、糖人、糖葫芦等都可算作食物设计范畴。从这个角度来讲，食物设计并非完全是"舶来品"。尽管看似是新的设计垂直方向，但它其实一直都蛰伏在历史长河中，存在于千万老百姓的日常生活里。食物作为饮食文化的缩影，其本身可以承载宏大视野的发展脉络，改变历史进程、塑造民族性格；可以展现一方水土的风物特征，造就社会文化、影响民俗风情、构建精神家园；可以潜移默化地浸润于民众的生活，影响族群健康及其口味偏好。但食物的另一面，则往往又充斥着歧视、偏见、权力与欲望。因此，从应用角度来讲，食物设计具有特别的能量去积极地影响一个群体乃至社会，或宏观或微观，或长久或短暂。

习近平总书记致信祝贺首届文化强国建设高峰论坛开幕强调："我们要全面贯彻新时代中国特色社会主义思想和党的二十大精神，更好担负起新的文化使命，坚定文化自信，秉持开放包容，坚持守正创新，激发全民族文化创新创造活力，在新的历史起点上继续推动文化繁荣、建设文化强国、建设中华民族现代文明，不断促进人类文明交流互鉴，为强国建设、民族复兴注入强大精神力量。"（新华社 2023 年 6 月 7 日）因此，对于我国的食物设计来讲，需要立足于设计学学科，探索适合中国文化语境的食物设计创新方法或路径，赓续中华民族的历史文脉与精神命脉，充分结合本土的风俗与物产，增强属于中华饮食体系的文化自信，提升文化创新能力。

广义的食物设计包含了以食物为基础而开展设计、饮食系统及服务设计、围绕食物进行的生态设计与社会创新等。食物设计研究的内核与边界并非固定不变，而是随着设计学的发展而不断变迁。早在 2007 年的时候，我拿到的自己从教以来的第一个纵向课题就是针对餐具和菜系文化展开的设计研究（四川省哲学社会科学重点研究基地川菜发展研究中心项目"川菜餐具系列化设计特色性研究"）。而餐具产品设计属于食物设计的外延部分，或许从那个时期起，冥冥中我就开始了与食物设计研究的"学术缘分"。后来在 2016 年，我又开始了关于饮食的创业，试图将地域美食文化与 IP 视觉文化创意结合，打造基于川南"冷吃"风味的美食零食产品；在 2021 年之后，又陆续设计开发了基于博物馆馆藏文物或景区特色资源的美食文创棒棒糖产品、风味饮品、茶叶制品，以及各种各样的文创饮具、食器产品等。设计开发的这些产品有的成功、有的失败，一路跌跌撞撞地走来，似乎都是在与食物设计相关的道路上摸索。

本书的出版得到了西华大学美术与设计学院"产品设计"国家级一流专业建设的支持；本书也是国家自然科学基金面上项目"AIGC 参与下数字内容生产的价值共创机理与模式研究"（编号 72374171）、四川省哲学社会科学重点研究基地川菜发展研究中心项目"四川饮食文化视域下的食物设计研究"（编号 CC23W02）、四川省哲学社会科学重点研究基地中国出土医学文献与文物研究中心项目"出土医学文献文物的文化创意设计开发研究"（编号 CTWX2209）的研究成果。

　　在撰写本书过程中，我始终抱着一种探索和尝试的心态，"斗胆"去尝试厘清食物设计的内涵与特征，梳理和分析食物设计体验创新与创意转化方式等，也基于之前种种的应用摸索和学术研究大胆地抛出了自己总结的针对食物设计的"餐桌框架"模型，并探寻结合巴蜀文化背景以及四川饮食文化特色展开的食物设计创作与实践。与此同时，我也愈发意识到自己知识体系的薄弱与局限，书中若有不妥之处，希望各位专家学者、从业同行不吝斧正。

周睿

2024 年 1 月

目录

第六章　巴蜀饮食文化视域下的食物设计探索

第一章

食物设计的界定、内涵与勃兴

第一节　饮食文化与食物

一、饮食文化概述

广义的"文化"是指人类社会历史过程中所创造的物质财富和精神财富的总和；狭义的"文化"是指社会意识形态（如思想、道德、风尚、宗教、文学、艺术、科学技术等）及与之相适应的制度和组织结构。饮食文化则是文化大范畴中关乎饮食领域的一个分支。饮食是人类的一项基本生理活动，同时也是一项重要的文化活动。身体对于进食的需求与渴望，是人类作为生物而言，渴望生存时最强烈的需求。若是从整体性的角度来看，与人类饮食相关的因素极其复杂，譬如，地域性、情感回忆、身份认同、归属感、文化消费等，由诸多复杂因素交织而成，而这每一种因素都显示着饮食活动承载着丰厚的文化含义。人类在长达几百万年的漫长岁月中，经过不断发展、不断更新、不断融合，才造就了如今的"饮食世界"。

饮食对于一个国家来说尤为重要，饮食可谓从古至今都被置于重要地位，因为饮食不仅是人类生存所必需的，也是中国传统文化的根基所在，饮食文化也是衡量一个国家的精神文明、物质文明等的标尺。饮食对人类的生存繁衍有着极大的影响，对地大物博的中国来说，不同的地域造就了不同的饮食文化，这些饮食文化都带有专属的地域特色，而饮食本身也逐渐成为一个代表性的"符号"，带有其特有的识别性。因而，从一定程度来看，饮食符号具有传递信息的功能，或许是一种地域属性的信息，或许是一种自我尊重的信息、令人自豪的信息、分享快乐的信息等各种不同类别的信息，它可以消弭社会差异，进而成为人类繁衍生息的独特存在，这便是饮食作为"符号"所发挥的巨大作用。

饮食文化也有广义与狭义的区别。广义的"饮食文化"既涉及自然科学，又涉及哲学等社会科学，它是中华民族在长期的社会生活实践过程中，以饮食对象为主要内容，所创造出的物质财富和精神财富的总称。中国的饮食文化与中华传统文化中的阴阳五行哲学思想、儒家伦理道德、中医药食养生、不同民族的性格特征与风俗习惯等都有着紧密关联，在其诸多因素的影响下，中国各族劳动人民创造出了风格各异、千姿百态和别具一格的中华菜肴与饮品的烹调技艺，浸润影响着社会的各个层面，从而形成了博大精深、源远流长的中国饮食文化。

"饮食文化"是指人们在摄入食物以满足生理需求为首要目的的实践活动基础上不断发展形成的习俗、思想和价值观。因此，狭义的"饮食文化"是指由中华民族社会群体在食物原料开发利用、食品饮品制作和饮食消费过程中积累形成的技术、科学、艺术，以及以饮食为基础延伸形成的习俗、传统、思想和哲学，是集食物生产和饮食的方式、过程、功能等内容组合而成的全部饮食事象的总和。中国是一个饮食大国，食物的获取、分配、烹制多样化，就餐礼仪高度文明。对于中国人来讲，饮食与文化早已密不可分、互相渗透影响。《礼记·礼运》有经典之言"夫礼之初，始诸饮食"。其义是人类最初的祭礼，是从敬献饮食的形式开始的，这反映出饮食活动中的行为规范是礼制的发端。也就是说，我国礼仪的发端是祭祀礼仪，而祭祀礼仪又是从饮食礼仪起始的。所谓礼之初始诸饮食，揭示了文化现象是从人类最基本的物质生活中发生，这是中华民族顺应自然生态发展规律的表现。人类活动第一次可以被称为"文化"的，是在人类有能力生产食物之际，无论是农耕文明还是畜牧文明都是如此。这也应了"民以食为天"这句话。

中国的饮食文化史伴随整个社会的进步与发展，而这一部饮食文化史可谓源远流长，从古至今，饮食就在人类生活中占据重要位置。在儒家的传统文化中，饮食在一定程度上被赋予了伦理的意义，北宋文人黄庭坚的《士大夫食时五观》中有言，"礼所教饮食之序，教之末也；食而作观，教之本也"，流露出了古人对饮食生活的美学态度，而饮食在当时成为一种礼教。可见，饮食对于人类而言，无论是从生活层面，还是从文化层面，都是一个极为重要的存在，这些由饮食而引发的思考在古今历史中都可看到诸多阐述。

二、中国饮食文化的基本特征

1. 从食物的形态特征演进来看

食物本身可以成为饮食文化形成与演进的本原研究点。学者赵荣光从纵横贯通的历史大时空来考察中华民族饮食文化的形态特征及其演变轨迹，提出了广泛性、丰富性、灵活性、传承性和通融性五大特征。

①食物原料选取的广泛性。一方面中国幅员辽阔，具有复杂和多样的自然地理条件，生态环境的区域差异巨大，从而决定可食原料品种分布的差异性和复杂性；另一方面，中国历史上表现出中国人在"吃"方面的压力。解决好吃饭问题是数千年以来历朝历代统治者和每一个普通老百姓面临的头等大事。在生产力低下的古代，要高效解决人们的吃饭问题，无论是统治者还是老百姓都需要尝试开发或引入各种食物原材料。因此，中国人开发出了数量巨大、种类多样的食物原料。

②进食心理选择的丰富性。进食心理选择的丰富性与食物原料选取的广泛性互为因果、相互促进。这种进食心理选择的丰富性体现在餐桌上的食物品种非常多样和多变。从古代中国饮食发展历程来看，上层社会早已不只是满足果腹，而是从满足生理需求层面提升到满足口福品味的享乐层面和健康延年的营养层面；下层社会则从廉价的或是免费捕捞采集的食物原料中追求变化来调节单调的饮食。这也是民间各种风味小吃、特色小菜、野菜入馔而异彩纷呈的缘由。从上至下都表现出了尚食丰富的普遍心理。

③肴馔制作的灵活性。手工操作和经验把握，是中国传统烹饪的根本特点，也是最大的优点和不容忽视的弱点。烹饪者技术的熟练程度和具体操作时的状态，直接影响着肴馔的质量。中国烹饪技法复杂多变，中国肴馔千变万化，所以中国肴馔因人、因时、因店不同而出现质量和口味差异。灵活性也反映出中国饮食在色、质、香、味、适、形等诸多指标方面的无穷变化，成为尚食者的追求目标，也决定了饮食创制的风格。当然，随着饮食制作进入工业化时代，当下的肴馔烹饪愈发标准化。标准化与灵活性需要在不同定位的当代饮食制作中逐步形成并行趋势。

④区域风格的传承性。我国疆域辽阔，各地气候、自然地理环境与

物产存在着较大的差异，加之各区域民族、宗教、习俗等诸多情况的不同，在历史上形成了众多风格不一的饮食文化区。它是在漫长的历史过程中逐渐形成的，它的存在和发展都体现了饮食文化的历史特性——封闭性、惰性、滞进性和内循环更生性。这种特性，在以自给自足小农经济为基础的分隔和封闭性很强的封建制时代尤为典型。

⑤各区域间饮食文化的通融性。饮食文化因其核心与基础是关乎人们生存的基本物质需要，即食物是全体人类的需要，因而天然地具有不同文化区域间的通融性。中华民族各民族在数千年漫长的历史中始终生存在一个相互依存、互勉共进的文化环境之中，并且随着时间的延续而不断地加深这种彼此依存的关系。正是各区域间具有互补性的经济结构决定了彼此的共存共荣关系，决定了这种结构之下彼此沟通联系的中华民族共同体的全部社会生活，决定了这种关系之下充分展示的各种文化形态。而贯穿于这一庞大生命机体中的一条主动脉，即是各区域间人们的饮食文化。

2. 从饮食的文化与民族特征来看

中国饮食文化的每一个层面和领域中，无不突显了鲜明的民族性，也呈现出了独树一帜的文化属性，学者金洪霞与赵建民对中国饮食文化总结了下列几个基本特征。

①饮食的审美特征。对于中国菜肴的烹饪而言，调味就是一种艺术创造活动，故有"五味调和百味香"的理论，通过调味可以使食物发生"鼎中之变，精妙微纤，口弗能言，志弗能喻"（《吕氏春秋·本味篇》）的变化。从饮食消费者的角度看，学会"品味"才是懂得饮食的关键所在。中国饮食文化不仅仅重视饮食的口味之美，还注重饮食过程的品味情趣，不仅仅是对肴馔点心的色、香、味有严格的要求，而且对它们的命名、品味的方式、进餐时的节奏、娱乐的穿插等都有要求。"品味"在中国是一门审美艺术，并且由此延伸到了人们生活的各个领域，诸如人情之味、文章之味、诗词之味等，即所谓的"味外之味"。

②饮食的养生特征。饮食养生是中国饮食文化中的一个重要内容。所谓养生就是通过各种方式养护生命，以求得身体保持健康状态并达到长寿的效果。如果说饮食的基本目的是维持生存的生理需求的话，那么饮食养生则是追求生存的质量，表现的是一种健康向上的、积极乐观的

人生观。中国人在长期的饮食实践中，逐渐积累形成了一整套完整的饮食养生理论体系。自古以来中国有"药食同源""药膳同功"的说法，人们利用食物原料的药用价值，将其做成各种美味佳肴并达到预防某些疾病的目的。譬如古人还特别强调进食与自然节律协调同步的观点。

③饮食的民族特征。中国饮食文化兼收并蓄的气魄和极强的融合力，是中国历史上民族大融合和吸收外来文化为我所用的反映。譬如中原饮食文化在历史上一直处在同周边民族诸如"胡""番""狄""夷"等民族的饮食文化的相互影响、交流中。

3. 从饮食的文化体验角度来看

中国饮食除了丰富多变的各种烹饪技巧、肴馔特色和烹饪流派外，在文化层面也具有独树一帜的体验特征，即文化属性突出，并在文化脉络、审美和艺术性等方面呈现出特色。

①文化流传性。当代语境中提及"文化"，大众往往会狭义地解读为"传统文化"，从而产生了与当前生活形态的割裂感，忽略了文化的与时俱进性。对于饮食文化来讲，诸多著名肴馔、菜品的背后都有相应的文化，有的是故事传奇，有的则是历史典故。而这些文化知识或史料以菜肴菜谱为特殊载体，在宴席、烹饪、品尝的过程中得以流传，从而使得饮食文化比一般的传统文脉传承更加鲜活生香、趣味盎然。诸如"东坡肘子""宫保鸡丁"这些著名菜肴，都有一段脍炙人口的文化故事。

"宫保鸡丁"有的餐厅误写为"宫爆鸡丁"，是将烹饪方式爆炒的爆张冠李戴到了菜名上。而"宫保"二字实则为官衔，宫保鸡丁由清朝时曾任山东巡抚、四川总督等职的大臣丁宝桢所创，他对烹饪颇有研究，喜欢吃鸡肉和花生米，尤其喜好辣味。他在四川总督任上的时候创制了一道将鸡丁、红辣椒、花生米下锅爆炒而成的美味佳肴。这道美味本来是丁家的私房菜，但后来人尽皆知，成了人们熟知的宫保鸡丁。所谓"宫保"，其实是丁宝桢的荣誉官衔。后世为了纪念丁宝桢，将他发明的这道菜命名"宫保鸡丁"。这道菜流传甚广，在各地演变出很多不同的做法，还出现了将鸡丁演变为其他肉丁的"宫保肉丁"。"宫保鸡丁"也成为著名的川菜菜肴之一。

②视觉审美性。中国饮食烹饪传统非常重视菜品的悦目，比如常说

的"色香味形"中就有两个视觉元素——菜品的色泽与形状。传统菜肴都讲究刀工，既有大刀阔斧，也有精割细切，甚至是精雕细琢。古人为了使肴馔悦目，采用雕刻彩染的手法，创制出了具有观赏价值的工艺菜肴和点心，将艺术表现形式直接运用到了饮食制作过程，并把这种视觉审美追求置于饮食生活中。宴席餐桌或案头上的食物形态变化多样，有的模仿形态惟妙惟肖，有的雕琢形态精细繁复，美得让食客不忍动筷。因此，无论是刀工，还是对菜肴的评判标准，中国饮食文化中都充满了烹饪者和食客对菜肴视觉审美的要求，让中国饮食文化具有了艺术特征。

③维度多元性。无论是中国古代还是当今社会，国人对饮食文化体验的维度早已不囿于菜品及其味道本身，已经从"色香味形"扩展到了"色香味形养器境意"等多个不同维度，囊括了营养健康、器物器具、环境陈设、氛围意境、文化立意。譬如"器"，品茗有茶器、饮酒有酒器，并且在茶文化与酒文化领域，器物非常讲究，甚至形成了相应的器物文化。放眼当下都市生活，各种好用的烹饪器物、好看的餐具设计也层出不穷，无论是烹饪制肴过程使用的器具，还是装盛菜肴的器皿、饮食用的餐具都可以与饮食文化产生深度联结。餐饮的文化体验绝不仅仅局限于餐食本身，从餐食到文脉赓续，体验维度呈现多元化。

譬如吃蟹有"蟹八件"（图1-1）。自古以来，食蟹似乎是一件大有讲究的雅事。早在明代，能工巧匠创制出了一整套精巧的食蟹工具。据明代美食指南《考吃》记载，明代初创的食蟹工具有锤、镦、钳、铲、匙、叉、刮、针8种，故被称为"蟹八件"。古人发明制造出食蟹工具后，吃蟹成了一种文雅而潇洒的饮食享受。用小巧玲珑的金、银、铜餐具食蟹，妙趣横生，可以说是一种高雅的餐饮活动。明清时代文人雅士举行蟹宴，不仅吃螯剔肉，解馋饕食，还品蟹、饮酒、赏菊、吟诗，成为金秋时节的风流雅事。这种吃蟹的乐趣在《红楼梦》的作者曹雪芹笔下有充分而生动的描写。

④尚礼人文性。中国号称"礼仪之邦"，讲礼仪、循礼法、崇礼教、重礼信、守礼义，是中国人的尚礼传统。《论语》中有七十四次讲到了"礼"。《论语·季氏》言"不学礼，无以立"，学礼行礼是中国人的立世之本，而饮食礼俗是最具普泛性的重要内容之一。《礼记·礼运》言："夫

图1-1 蟹八件（清阳蟹业）

礼之初，始诸饮食。"食礼的最初形态受到了祭祀礼仪的启示。当将对鬼神的敬畏和人们对神祇等级的划分转移到人类社会，社会成员以财产的多寡和地位的高低相区别，共食或聚餐场合开始讲究礼仪时，严格意义上的食礼就出现了。食礼是一种社交性饮食生活的情感表达。当中国古代的普通民众参与到这种社交性饮食活动后，食礼便以全社会普泛的文明教养和文化娱乐属性为大众所认知和传承。

中国饮食文化中的尚礼特征赋予了饮食异常浓厚的人文色彩，让礼仪规训充盈在饮食的各个环节，既有不同宴席场合的礼仪，也有个人在宴饮中的文明修养。诸如宴席座次、进食礼仪、饮酒之礼等都颇为讲究。饮食文化体验与饮食礼仪产生了不可分割的深度交融。

⑤区位丰富性。正如前述我国幅员辽阔，是多民族统一的国家。不同地域、不同民族的饮食文化千差万别，同时也造就了我国丰富多彩的饮食文化，从而形成了诸多中国饮食文化区位。不同的饮食文化区位有着迥异的文化体验。促使形成这种饮食文化区位异常丰富的原因包括地理环境、气候物产等自然因素；政治、经济等社会因素；民族、信仰与饮食习俗等因素。但值得一提的是，也正如前述的通融性，饮食文化的地域性差异并不是不可逾越的。恰恰相反，它是在不间断的相互影响过程中，在求同存异的变化中，新的差异即新的饮食特征因素在地域和民

族的交流融汇中因彼此吸收借鉴而被融合产生出来的，从而让饮食文化体验随之变得愈发丰富，让饮食文化因交融而多元包容，更具魅力。

三、食物：不仅仅是味道的历史文化

在饮食与烹饪发展的过程中，食物也在不断地发展变化。从最初的生冷食物到熟制品，再到如今种类多样的食物，食物的发展史也是人类社会的进步史。在现今的社会生活中，食物所发挥的作用已不再单一化，人们对食物的讨论越来越多，预示着人类未来将要面临更多关于食物的问题。英国的社会历史学家约翰·伯内特和法国社会学家与人类学家克洛德·列维－斯特劳斯，是饮食文化人类学的代表性人物，他们从早期便开始进行有关于食物以及进食的社会和文化意义研究。

由此，食物的存在与进步已不再简单归结于厨师等的责任，对食物的审视也不应只停留于食物本身，而更应将研究范围扩展到整个人类群体。随着时代和社会的进步与发展，人类也逐渐开始重新审视和考量食物与人、食物与社会等万物之间的关系。食物设计领域较先出版的 *Food Design XL* 一书中，作者 Sonja Stummerer 提到："……人类消费的更多是生活方式和自我实现，而并非营养。众多关于食物的流行词语在媒体上随处可见，然而我们却生活在一个对于食物的起源、内容和意义知之甚少的社会。"人类社会发展至今，饮食一直是一个无法回避的议题，食物是人类每日之必需。然而随着社会的进步与发展，饮食文化也在逐渐向精细化方向发展，其中必然包含着更加复杂的组合和选择操作，涵盖了盛装食物的器具、就餐环境、就餐体验、食物形态、就餐礼仪等，与食物相关联的一切都在随着时代的发展与时俱进，人类也对此提出了更新的要求。

对于饮食文化研究视野中的食物来讲，食物成为联结人类情感、社会化组织和经济活动现象的重要纽带。1961 年符号学家罗兰·巴尔特（Roland Barthes）在《当代食物消费的心理社会学》一文中提出了他的"食物交流"理论，将食物视作"一种符号、一个传播系统、一个形象体"，开启了符号学家对食物的关注与研究。林德·布朗和凯·米塞尔（Linder Keller Brown and Kay Mussell）认为，巴尔特借用符号学的方法，以结构主义视角将饮食塑造为一个文化系统。而人类学学者则将食物作为一种社会功能的符号化表述。譬如人类学者马文·哈里斯（Marvin Harris）代表着对饮食研究的文化唯物主义取向，在唯物主义的框架内对食物及饮食行为进行分析，其著作《好吃：食物与文化之谜》将自然科学与人文科学结合，分析研究关于食物禁忌与取食的各种"文化之谜"。学者玛丽·道格拉斯（Mary Douglas）对食物与饮食的研究，是通过对食物在不同社会、民族、宗教背景下的结构性研究来解读特定社会的"文化语码"，将食物作为一种社会关系和社会结构的符号化表述，食物为不同文化的交流与沟通搭建桥梁。其代表作《洁净与危险》在对污染与洁净作集中研究的同时，显示出食物作为独特符号的解读视角。法国生态转型及可持续发展研究专家里奥奈尔·阿斯特吕克（Lionel Astruc）在《食物主权与生态女性主义》一书里提出食物主权是人们决定自己的农业生产方式和食物体系的权利。它也意味着，广大人民享有健康的、符合自身文化的、以尊重环境和社会的方式生产出的食品。她指出放弃烹饪文化而选择成品熟食和快餐会导致信息不对称，从而造成潜在危害。英国学者菲利普·费尔南多－阿梅斯托（Felipe Fernádez-Armesto）的《吃：食物如何改变我们人类和全球历史》旨在采取更广的全球视野把食物史当成世界史的一个主题，它和人类彼此之间以及人类与自然之间的一切互动密不可分，应平等处理有关食物的生态、文化和烹饪等方面的概念。

前述种种关乎食物的研究理论和剖析视角，都为食物设计发展成一门新兴的设计研究奠定了基础。食物成为基于设计立场的关乎味道的设计表述。饮食文化在以食物为载体的设计视角上，变得活色生香起来。

第二节　食物设计的界定

一、食物设计发展现状

食物设计当前成为一个新兴的跨领域的设计研究方向，其形成发轫主要来自欧美国家，至今已三十年左右。大概从20世纪90年代开始，逐渐拉开对食物设计研究的序幕。其中法国兰斯高等艺术与设计学院是首先开展食物设计研究的学校；2006年，国际食品设计家协会成立；由专注于食物设计研究的意大利学者Francesca Zampollo博士创办的国际食品设计协会在2009年成立，逐渐开始持续性地举办与食品设计相关的研讨会；随之而来的是，国际食品设计期刊也在2014年创办。越来越多的设计学院、设计师、企业等加入食品设计研究的行列中来，譬如：米兰工业设计学院、荷兰埃因霍温设计学院也陆续开设了与食物设计相关的专业，并对食物设计相关层面展开了研究。

整体来讲，食物设计依然属于兴起阶段，相关的学术研究等仍在不断发展。从食物设计的研究切入视角来看，国外对于食物设计的研究主要有：埃因霍温设计学院食品部门负责人Marije Vogelzang注重饮食健康，关注设计或者艺术行为的相关元视觉展览，注重视觉的感受等主张通过创办奖项促进食物设计领域的发展；设计师Martí Guixé研究如何让食物更加人性化、更具有互动性，并尝试将营销与沟通相关的技巧与食物设计等相互结合，以促进食物的消费等，也注重赋予食物更多的社会意义。毫无疑问的是，如今除了欧美国家以外已开始有越来越多的设计师、设计机构等关注并涉足食物设计领域，从各自不同角度对食物设计进行探索，以探寻与食物相关的更多可能性。例如在亚洲地区的日本，通过广泛传播日本饮食文化，在世界上成功树立起关于"和食"的概念，将具有日本特色的食物设计推向了全世界，收获了全球范围内数量众多的拥趸。伴随着其食物菜肴的流行，日本的文化软实力和文化影响力也得到提升，使文化与食物的融合达到了新高度。

二、学界研究现状概述

1. 国外研究情况

在Web of science上以"food design"为关键词检索，将与其相关性靠前的5000多篇文献导入能将科学文献和数据可视化的软件工具VOSviewer，可以直观地呈现并帮助我们发现当前国外食物设计研究的趋势，如图1-2所示。

在多感官体验方面，学者Schifferstein等人认为食物与感官体验等相互连接，与味觉、视觉等相关的不同感官通道都在产生作用，最终形

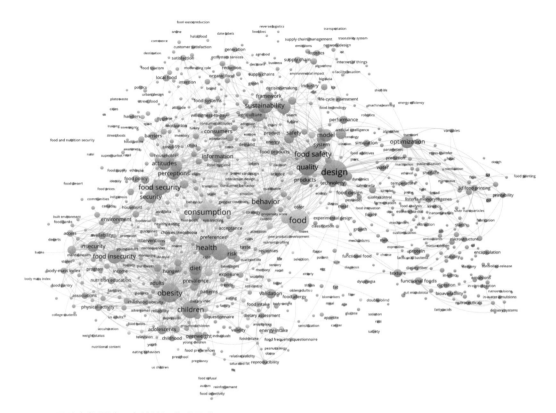

图1-2　国外食物设计研究关键词共现图谱

成所有感官的享受集合。学者Francesca Zampollo，从设计思维角度对食物设计进行了论证，提出食物设计思维指创造食物的一种设计思维过程，其设计方法和工具等可以促进人们对饮食体验的反思。食物设计思维可以被视作一套全新的设计体系，采用TED (Themes for Eating Design) 方法和五方面膳食模型进行实验和探究，为有针对性的、系统化的食品设计提供了研究思路。Reissig等人详细论述了食物设计的重要性，认为食物设计是将食物的所有参与者和实践视为一个集合生产、分配、消费的系统。它们紧密联系于一体，并进一步揭示了食物设计还包括工业、商业、文化等在内的各个层面的伦理考量。因而，食物设计的本质是跨学科的，食物设计的教育性意义也显得尤为必要。Xu Rongrong通过对相关流行趋势进行分析，着重探讨了人们与食物视觉设计和可持续食物设计的情感互动，以此强调了情感互动、可持续发展等在食物设计中的重要性。Shao Hua Liu着重探讨了关于环保材料等在食物包装设计中的重要性，提倡绿色食物包装设计；Babak Nemat的《食物包装设计在消费者回收行为中的作用》一文，同样论述了这一观点，认为可持续性的设计理念更有利于促进食物包装的发展。值得一提的是，国外学界对于食物设计的研究相对于国内学界来讲起步较早，并已经从多维度对食物及食物相关的一些环节进行研究和探讨，不论是从其他学科角度还是从设计学科角度，对促进食物设计的研究都有着重要意义。

对于设计而言，食物不仅代表食物本身而存在，其更是一种有趣的原型材料，这些材料根植于日常的生活文化中，而如何将这种材料及其相关联的一切作为设计的对象，进而改变食物与人、食物与社会等之间的关系则是设计学科需要继续探讨的问题。同时，对于食物设计而言，其背后所代表的文化意义、区域性等属性特征也是可从设计角度进行剖析的维度。

2. 国内研究情况

国内学界对于食物设计的研究可从感官体验、新媒体技术、文化产业、未来趋势等四个层面进行分析。以"食物设计"为关键词，进行文献检索，共计检索到超过200篇的相关文献。利用文献可视化软件Cite Space对相关文献进行分析，如图1-3所示，出现频次较高的关键词为："教学设计""食物设计""食物""实验设计"等，通过分析，与食物设计相关的关键词主要出现在食物设计以及教学设计两个部分。图像表明，两者间既有联系，但又有所不同，食物设计多从设计角度出发，而教学设计多从理工学、医学等角度进行研究。

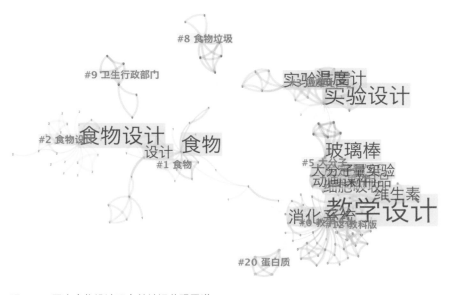

图1-3　国内食物设计研究关键词共现图谱

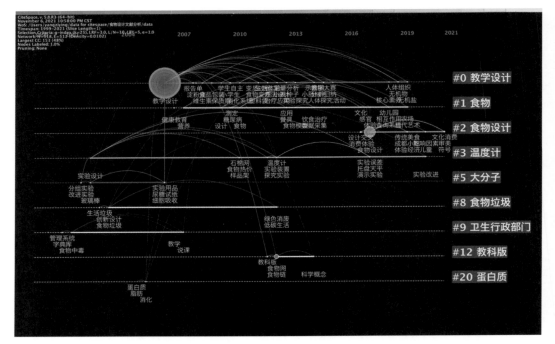

图1-4 国内食物设计研究关键词时间线图谱

值得一提的是，对与食物设计相关的研究进行分析时，发现"教学设计"这一关键词，主要是围绕生物学、医学、食物学、健康等方面的研究而出现的。由此可以推测，国内对于食物的研究，在早期阶段并不与设计学相关，更多只是围绕食物本身进行研究。

使用CiteSpace软件生成关键词聚类后，制作出关键词时间线视图，如图1-4所示。通过聚类时间线图谱，聚类"#2食物设计"中的高频关键词除食物设计外有"传统美食""文化消费""设计交叉""消费体验""食物""感官""文化""成都小吃"等。由此可见，这些关键词都反映了与食物设计相关的研究热点。从相关的聚类词中可看出，与食物设计有关的研究热点与"文化""体验"等研究方向有着较为紧密的关联。与食物设计相关的文献从2019年有所突变，逐渐成为研究热点并从2019年延续至今，由此可见对于国内来讲食物设计是较为新兴的研究热点，并且呈逐年上升趋势。

3. 国内研究文献回顾

食物本身是大自然的产物，食物源于自然，因而便具有自身独有的色彩，食用环节的色彩搭配也能帮助食客提升用餐体验。食物设计遵循适度的色彩搭配原则，了解食物自身的颜色特性及心理象征，可以从精神及物质层面满足人们对食物的不同需求。黄姝以人作为食物设计的核心，对人如何通过五种感官获取到相应的反馈信息，并在进食过程中逐步实现感官体验进行了探讨，并对食物设计进行了相关的定义；通过对相关案例的解读，对未来社会环境之下的食物设计、设计思维等进行了延展。在食物设计的呈现方式上，李彤从设计思维的角度出发，分析研究了设计师们利用设计手法对食品和相关的文化进行链接，探讨了食物的内涵可以用多元化的呈现方式进行赋予。她认为食物已不仅是可以饱腹的物质，还逐渐变成了一种艺术媒介的存在。因此，从色彩搭配等多个不同方面进行设计可更好地提升人类饮食的体验感。对食物的研究，应该是多维的，而不仅只停留于表象。食物设计的研究不仅只是在视觉层面，在体验经济时代来临的今天，人们的诉求也愈加多样。基于此，胡一哲探讨了以饮食体验为基础的食物设计，并对其进行定义，通过分析研究用户对食物的需求和体验等，归纳概括出了用户与饮食体验层级之间的关系，这种关系通常由认知层面、行为层面、情感层面共同构成，在这样的条件下，推导出与饮食体验相关的食物设计的三个原则，包含了感官整合原则、行为互动原则以及情感体验原则。

食物设计理论尚不成熟，随着社会及相关科技等的进步，也在不断提升与发展。食物设计不仅是关于食物的整体性研究，更是关乎与之相关的一切系统的研究。随着互联网时代的快速发展，新媒体等也赋予了食物更多样、更丰富的发展形式，带来了关于食物的新媒体发展契机。周敏等人在研究眼动追踪的基础上，探寻美食设计新媒体视觉体验研究，采用眼动仪对用户进行测试，并结合用户访谈，对当前热门的美食移动应用产品App进行实验测试与设计分析，挖掘移动端美食图片内容的视觉特征。通过技术与体验的融合，可以将食物与创新式的体验感进行结合，由此赋予食物更多体验意义。技术是未来食物设计革新和发展的重要影响因素，食物与技术的结合，可以让食物设计展现出更多的价值意义。无论是视觉审美还是多维度立体的感官体验，都能够促进用户对食物的理解，达到更大程度的情感共鸣和文化认同。通过分析相关的实验数据结果得出食物的颜色、造型、包装形式、视觉审美等都会对用户造成影响，会影响到用户对食物设计作品的视觉注意力和视觉中心的聚集点以及相应的关注度。食物设计重在研究食物与人、食物与社会以及食物与所相关联的一切系统之间的关系，由此，通过改善相关的影响因素有利于提升食物设计中的视觉体验，给用户以沉浸式体验，提升其生活质量。周睿提出在新媒体时代的发展下，美食文化的塑造，不仅是停留于食物本身，更要与其相关的文化创意领域、文化发展领域等相互融合、互相联结，才能促进城市文化软实力的提高。同时着重分析了博物馆的"美食文创""文博美食"的创新路径，将其纳入食物设计的视角，从而推动提升文博文创饮食类商品的创意设计水平。

在食物设计的发展过程中，食物设计不仅针对日常食物，更包含着传统美食的创新设计。吴昊等人对传统美食如何向食物设计转化进行了探讨，从以成都糖油果子为例，将成都传统名小吃进行再设计，探寻食物表征下的饮食文化体验，分析传统食物设计创新的可能性，通过设计实践探索了传统饮食文化的视觉转化，以获得脱离食品本身这一载体，而又能展现食物味觉特点的设计元素及路径。传统食物有着相应的文化内涵，具有文化韵味，是当地文化不可或缺的一部分。通过创新设计，赋予食物本身识别性之外，还进一步突破了人们对食物的固有印象，打破了从单一味觉层面的理解，运用更具视觉符号的创新，形成更新的文化认识与体验。因而食物不仅只具有果腹的作用，还在精神与文化层面体现着一定的作用。不同地方的美食，具有不同的特点和代表意义，既反映着当地的地理环境特性、风俗习惯，也反映着当地的文化特色。冯雪在对美食文化的描述中指出，散文中对美食的描写不仅使人感受到美食本身，作者从更深层次论述了美食存在的环境、由来等，以美食为载体，更能体现基于美食的文化性。

食物设计的核心是研究食物与人、食物与社会的关系，但会根据不同的需求来进行调整和改变，裴凌暄不仅对食物设计进行了定义，并通过分析和研究，对未来的食物设计发展趋向进行了探寻，勾画出了未来食物设计所呈现的面貌。其认为未来的食物设计应更多偏向：一方面，以研究为主探讨食物关系，而这些或许更多以高校的实验性研究为主；另一方面以市场为导向的食物设计，更注重商业性质，以食物设计引导和带动消费，促进用户使用感受的提升。从受众与食物关系的重新定义、模糊食物的呈现介质、重构食物的材质和形态三个层面出发探讨食物设计应该如何实现，传递食物设计所带来的新价值。胡方以案例、展览等形式探讨了饮食文化中的感官体验、食物仪式、文化等，从饮食相关的不同方面对食物设计的重要性进行了阐述，并以食物设计勾画未来人类饮食的远景，思考生活的状态，用设计构建一个可持续性的具有生态性的未来。

总的来说，食物设计研究在国内学界虽较西方起步晚，但已经成为新兴前沿的设计研究方向，而且有着逐渐上升的热度和趋势。与食物相关的研究也不再局限于食品学、烹饪学和医学角度，开始有设计学的介入。设计研究使食物的创新与应用领域不断延伸，大致有以下几个视角：感官多元化研究、情感体验研究、传统美食文化的转化、美食商品的应用与转化、人际与社会关系重构以及未来趋势构想等。从设计思维出发，围绕食物及与食物相关的一切进行探索，包含各种不同的信息和不同学科层面等的探讨，并逐渐理解食物设计的意义所在。由此，立足于文化体验重塑与构建，食物设计仍可从更深层次切入，对新的生活形态进行解读，探寻食物设计的存在意义，并对未来的食物设计提出更新的思考。

三、食物设计的界定

1. 食物设计的概念

"食物设计"的英文是"food design"，又被译为"美食设计""食物美学""食品设计"等。由于食物作为与人们生活和人类生理基本需求息息相关的物品，能入口，能带来营养健康，能赋予官能满足，在设计艺术领域中可谓是独树一帜的、特别的设计对象。因此，食物设计的主要材质和主题对象是以食物及相关物为核心。与食物烹饪不同的是，食物设计从设计学角度介入食物的应用和创新。这里的"食物"除了指狭义的食物原料，还囊括了食品、饮品，以及广义的能入口的食材，亦包括深加工或提纯提炼的饮食物料等。在更广阔的设计范畴中，"食物"也不一定只是指人的食物，甚至在某些语境下，可以覆盖与人息息相关的宠物食物。当然，这个观点存在比较大的争议。本书中关于"食物设计"的食物不泛化扩大研究范畴，依然是指以人类为主体的饮食概念中的食物。

"食物"被解释为：可供食用的物质；而"设计"更多被解释为：

通过合理的思考、规划等，利用更有效的形式对其进行表达体现，使之更具有效性、实用性等，让与生活相关的一切变得更加美好。由此，食物设计不应仅仅停留于食物表面，还可以更多地研究人与食物、环境、文化、器物等之间的关系，并以此为基础优化和解决实际问题，以达到服务人类的根本目的。

从艺术学科门类解读"设计"，容易陷入审美价值的简单解读，所以值得强调的是，食物设计并不单单表意为追求食物之美，更应重视探索的是创造意义、新的品质和价值扩容，即对食物及其相关内容进行重构，使食物更具有感知性、创新性和体验性。食品经济所推动的是大量不同的行业类别，如种植、运输、销售、烹饪等。随着时代的进步，食物设计刺激了更多新兴产业的产生与发展。从工业化的角度来讲，当食品进入设计领域，食品设计师将食品视为一种材料，并对其进行探索和研究。

2. 食物设计的范畴

关于食物设计的相关定义与分类，Francesca Zampollo 对食物设计范畴提出了自己的具体分类及其定义。如图 1-5 所示，可将食物设计范畴具体分为以下几部分：①食物产品设计（food product design），这一类设计所指的"食物"属于为大量生产而制造的食物，其配套有相应的包装，是具有批量化生产特征的食物；②为了食物的设计（design for food），这一类的设计具有明显的应用属性，是为了食物的保存、运输、烹饪等或解决问题的设计；③基于食物本身进行设计创作（design with food），这一类则多涉及烹饪创作、食品科学、食品开发等研究的重要领域与聚焦方向，诸如为了食物的口感、颜色、质地、形态等不断设计；④食物空间设计（food space design），在这一范畴中，主要研究有关于享用饮食、烹饪食物、存储食物的空间等，通常有环境设计师或建筑师参与；⑤饮食设计（eating design），这一部分是关于设计进食的整体情况、食用的整体体验等的研究设计；⑥饮食服务设计（food service design），涉及关乎整个饮食服务、服务体系的设计；⑦批判食物设计（critical food design），此部分更多的是关于设计评论和批判式设计思考，其目的是引发人类的思考；⑧饮食系统设计（food system design），此部分更多的是研究关于设计饮食的整个系统，覆盖面更加广泛，具有一定的体系化；⑨可持续性发展的食物设计（sustainable

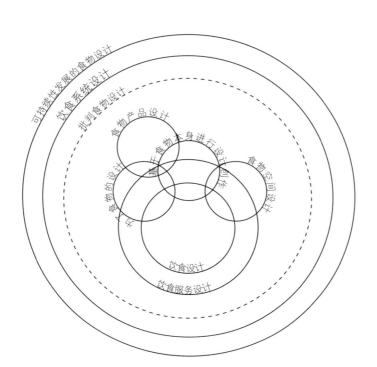

图1-5　食物设计范畴关系图

food design），主要考虑食物的可持续性发展，将生态发展作为目标，提出食物设计都应该具有可持续发展的趋势，并以此作为基本理念，使其贯穿于食物设计的创新过程中。

　　食物设计无论是作为相对独立的设计方向，还是其发轫兴起的过程，都注定是一个跨学科的设计领域，涉及了人类学、心理学、营养学、社会学、传播学、艺术学、历史文化等多学科。由于食物的特殊性，人作为主动的核心联结主体，食物又可被理解为一种介质或载体，将设计研究或应用对象扩展到了食物与食物之间、食物与人、食物与社会、食物与环境、食物与文脉等与食物相关的一切存在和系统。其研究的问题包含并不限于：饮食行为、饮食健康、饮食体验、文化消费、食品安全、生态价值观等多重与食物关联而产生的一系列问题。通过利用工业设计、视觉设计、环境设计、服务设计、食品创新等多种设计专业的方法进行与食物相关的创新，以为现有的、未来的食物设计问题提供更多的解决方案，探究食物与其他要素之间的关系，引发人类的共鸣与思考，实现可持续的美好生活愿景。

第三节　食物设计的文化内涵与外延

一、食物设计的文化内涵

人类社会的历史是从人类开始挖掘食物资源开始的。也正因为这样的历史发展过程，饮食文化也逐渐影响了一定的社会结构，推动了社会继续向前发展。饮食文化的产生与发展可划分为四个阶段：第一阶段是满足生理需求，这是觅食的原始动机；第二阶段是食物分配，这涉及权力的分配；第三阶段是食礼成制，与祭祀、管理、社会关系、生产资源分配等相关；第四阶段是食物文明，更高阶的工业文明与食物链相结合，形成了多元的文化现象。从古至今，无论是农耕文明，还是工业文明，饮食文化都贯穿于我国璀璨的文化中。食物设计不能脱离食物，不能割裂饮食文化来孤立地看待。因此，食物设计自研究方向确立的那天起可谓天生具有丰富的文化内涵。

食物设计的文化内涵与饮食文化形成对应关系。若从设计学的研究与应用角度来看，食物设计的文化内涵具有以下几个方面的特征。

①地域特征。由于饮食文化具有较强的地缘性，食物设计需要充分考虑地域的风物特产、风俗习惯等因素。不同地域的风土人情迥异，以食物为典型代表的地域文化差异非常明显。即食物设计需要重视地域文化元素的转化，顾及地域性的认知与习俗差异。

②官能特征。人们对食物最直接的感知需要通过味觉、嗅觉、触觉等官能去获取；而对文化内涵的感知则需要用设计调动通感的隐喻或映射，其基础无法与官能通道分离。即食物设计需要充分运用调动受众的官能通道来获取信息（味觉本质也是一种信息）的方式，形成多元的、多维度的设计触达。

③情感特征。食物最令人动容的往往不是官能直接获取的感知，而是其背后所蕴藏的记忆及其牵扯的情绪感知。人们经常用"妈妈的味道"来形容食物的美味以打动人心，这正是情感文化的印证。即食物设计需要追求在各类情感层面构成体验触点，挖掘用户心灵深处对食物的感知。

④人文特征。一方面，伴随人们的成长和民族习俗的演变，群体化的文化聚焦与认知差异密不可分；另一方面，同一个民族的历史发展积累也势必造就食物自身的变化，在不同岁月长河中的风貌发生变迁。因此通过食物设计可以探寻饮食自身文化烙印的自省和自觉。新时代探索食物设计，应坚定文化自信，寻找适合中华民族的食物设计创新路径与表达语汇。

举例来说，食物都有着自身特征，故而体现着一定的区域独特性。在不同的地区，有着不同的代表性食物，在其食材生长和入馔的地区形成了极具地域特色的认可度，甚至当地人形成了具有排他性的食物偏好。譬如，云贵川地区有一种气味独特、散发类似腥味的食物"折耳根"（药品名"鱼腥草"，参见图1-6），就是一种非常典型的地域性食物代表。其他地方的人对它避之不及，难以理解怎么会有人把它作为食物，不禁发问：这一"食物"究竟是食物吗？是日常中被人们简单理解的食物吗？但该地区的人们却非常喜爱。对于此问题的回答，可是也可不是。食物可以从简单维度进行理解，就是生活中所接触到的食材本身，但其既关乎食物本身，又关乎因为食物而产生的一系列思考——诸如食物与物产、食物与气候、食物与自然、食物与民族、食物与个体成长经历、食物与认知差异等。折耳根这种"奇特"又"平常"的食物回答了前面的问题。

从食物所体现的多样性意义可以看出，食物设计视域中的"食物"不能简单等同于日常生活场景中的食物本身。食物设计中的"食物"充盈着丰富的文化内涵，日常意义的"食物"只是其中一个维度，它处于食物以及与之相关联的元素或维度的复杂体系中。也正是由于食物设计的文化内涵的天然存在，其本质在一定程度上恰好体现着以人为核心，促使食物与消费者、与人类社会、与自然环境之间关系的重塑。

图1-6 折耳根

图1-7 火锅

以巴蜀地区为例，火锅是该地区最具代表性的食物品类之一（图1-7）。若让时光退回到火锅形式诞生之前，重新打量火锅这种进食方式，那么火锅可谓是一种出色的食物设计。不仅仅是因为四川火锅成功地体现了四川地区区别于我国其他地区的饮食文化特色，彰显了地域化的文化内涵，而且它蕴含了前述食物设计的诸多特征。其一，火锅采用涮、烫、煮的形式，改变了长久以来的一般意义的宴席餐饮的食用形式。火锅将所有的烹饪方式集中于煮，食客须将生的食材放入锅中亲自完成煮及食用的过程，围锅而坐，现煮现食，改变了人们的餐饮体验形式；其二，无论味道、口感，还是食材种类等，火锅都有极强的丰富性，一个锅底可煮多种不同的食物，在一次就餐过程中可享受多种美食，从这一层面来看，火锅有着极强的包容性，打破了宴席肴馔的固定品类；其三，火锅从视觉角度体现出火红的热烈氛围感，呈现一片热闹的景象。从听觉角度来说"咕噜咕噜"的煮沸声丰富了就餐者的听觉感受，进一步激发了就餐者的饥饿感。从嗅觉、味觉角度来说，火锅中多种香料的麻辣味刺激，无一不在刺激调动着食客的食用体验。火锅从不同的感官通道增强人们的体验感知；其四，巴蜀地区人们常开玩笑"没有什么事是一顿火锅解决不了的，即使有，那就两顿"。这原本是影视台词，却被当地人深度认同而流传开来。这种认同体现出了火锅作为一种食物，其用食就餐过程对调节人与人之间的关系发挥显著作用。由此可见，尽管火锅所使用的食材并无特别，哪怕就是稀松平常的菜料，但它营造了热烈的氛围，刺激了食客的味蕾，通过改变食用方式，让有不同食物偏好的食用者坐在一起，产生了奇妙联结，通过食的方式、食的器具、食的过程、就餐社交，悄然地重塑了食物与人、人与人之间的关系。

再譬如，回转寿司这种餐饮形式的出现，体现了与火锅相反的社交关系逻辑。它着眼于一人餐状态下，依然可以实现食物的多样可供性、选择的自由性。通过食物形式（如大小、分量等）和就餐方式的变化，缓解了一人就餐时的孤独感。哪怕是两三朋友一起聚餐，也完全不用协调兼顾彼此的口味偏好，独立个体属性在回转寿司这一餐饮形式上体现得淋漓尽致。

二、食物设计的外延意义

食物设计从设计目标创造意义的角度来讲，食物或许已经不再扮演最核心的角色，它几乎脱离了生理需求的存在价值。由此，就可以明晰地区别于单纯的烹饪视角的食物。"食物设计"作为一个专业术语，此"食物"非彼"食物"（日常生活形态中的食材、食料）。从脱离"食"本身或脱离味道含义的这个角度来言，食物设计的外延是将食物作为一种媒介或载体，从设计角度重新对食物本身、食物与器具、食物与人、食物与文化等关系进行考量。其重点创新设计的目标是，通过食物设计的介入，对食物与人之间的关系进行重新塑造，表达出不同层面、不同情感、不同文化的价值意义。

此外，食物设计的外延还可以从非食物本身的角度切入设计创新，形成服务于或关联于食物的一种体系。譬如，最为常见的食器、餐具等都可以作为食物设计的外延而存在。一部分食物在提供给用户时，有的直接呈现食物本身原貌，有的则通过特别的载体或器具等进行装盛，而这样一种具体的载体形式，被称作"包装"或"器皿"。从食物本身出发，食品、食品包装以及装盛食物的器具，乃至食用过程中使用的餐具往往密不可分，相辅相成，可以形成非常重要的联系。经过食物设计后，它们可以反过来更加彰显出食物的魅力，甚至让食客有重新认知食物的机会。故而食物和包装形式、器具之间的关系也在一定程度上体现着食物设计重塑食物的能动性。

图1-8 甜筒冰激凌（梦中飞的绘画素材）

如图1-8所示，甜筒冰激凌在当今都市生活里已是平常食物，也是经典甜品类食品。试想一下，时间退回到甜筒出现之前，冰激凌使用杯与碟等进行装盛，人们还需要勺或叉来食用这道冰凉美味。蛋卷筒的出现突破了传统冰激凌的设计形式，将冰激凌本身与器具、包装进行有机结合，装盛冰激凌的器具变成了可食用的食物，在装盛冰激凌的同时，食用者可在最后将其连着冰激凌一并吃掉。从食物设计的角度看，蛋卷筒作为餐具既消解了食物与食器之间的界限，又重新联结了食物与食器的关系。甜筒冰激凌最突出的设计创新不是对食物本身的改变（如球状的食物形态），而是将蛋卷筒作为盛装冰激凌的器具，成为最佳的设计路径，将食物与食用过程结合达到了便捷高效、风味留存的效果，其设计的逻辑被彻底颠覆。

尽管食物的包装对于食物设计的内涵来讲属于外延的部分，但这两者在一定程度上真切地有着相互影响和关联的关系。如图1-9所示，该泡面的设计，使用了类似甜筒冰激凌的设计思路，从食用过程的角度让食物包装与食物的关系更加紧密。食物设计师尝试着改变当下市面上出售袋装面饼的形式。他观察到袋装泡面的包装与食物呈现分离状态。而该案例使用新的设计思路，使用可溶于水且可食用的包装膜，既体现固定食物形态又保持其完整性，同时薄膜在可食用性基础上增添了调节食物不同风味的作用，不用再另外配调料包。将泡面与薄膜整体放入餐具中，倒入开水薄膜便可快速溶解。

图1-9　可食用的泡面包装（拉夫堡大学产品设计专业毕业生Holly Grounds）

这个设计案例可以引发思考，食物与食物的包装究竟是什么关系？若视食物为内核，食物包装为外延，他们彼此的边界和设计的目的又是什么？在食物设计视域下，食品包装设计不能仅仅只有美观与商业动机。食物与外延的关系可以从不同角度重塑，食物设计的外延部分同样蕴含众多设计创造意义与新价值。

三、食物设计的当代语境

1. 生活与餐饮的语境

关于食物设计在当代的语境体现可从多维度进行探究，简单地将食物设计归类为烹饪层面的改变或食品呈现方式的突破与创新，显然存在着片面性的理解甚至是一种误读。通过烹饪的方式对食物的外观进行改变，只是食物设计非常局部的一个视角，甚至不是探索食物创新的核心视角。曾获选《时代》杂志百大世界最具影响力人物之一的丹·巴柏（Dan Barber）曾说道："人类与食物之间的互动、联系是密切的，与之相关的一切，都是有所联系的。生态所相关的更是无法被衡量的，也许我们认为食物是有起点和结尾的，例如食物的起点或许为某一农场的田地，而结尾则是我们盘中的一餐，但事实并不是如此，所谓的食物链不应只是一个笔直的长链，应该更像奥运的五环一样，是环环相扣、互有重叠、互有联系的，因此，并不应该只考虑到食物系统中一个单一的部分而更多应该重新设计与食物相关的整套系统。"

饮食行为可被视为一个具有整体性的事件，具体可分为八个维度进行相关的阐述，如图1-10所示，具体可涵盖：精神的过程、社会环境、身体的条件、活动、食品和饮料、时间、位置、重现。

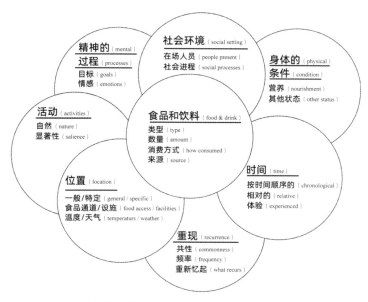

图1-10 八个维度的饮食事件

由于环境、状态等因素也会影响就餐状态，为提升就餐者的就餐体验，针对餐厅场景等相关因素，学者古斯塔夫松（Gustafsson）对不同的饮食情况进行了总结与概括，建构出了一个与房间、相遇、氛围、产品以及管理控制系统相关的"五维度饮食模型"，具体如图1-11所示，其中以房间作为模型的起点，服务人员与顾客以及顾客之间出现的相关人员等代表着相遇；产品指代着需要呈现的与食物相关的一切；这三个层面都包含于氛围之中，说明氛围环境等的营造有着重要的作用；最后的管理控制系统则将其余层面都涵盖其中。在一个系统之下，层层包含递进，在此之下相互作用、相互影响，因此，饮食过程是一个多方面共同影响的结果，而不仅是简单理解的就餐行为。

图1-11　五维度饮食模型

2. 食物设计维度

对于食物设计的研究，应将其置于完整的体系之下，食物设计并不仅仅是单一某个层面，简言之，食物设计或应该更具体系化和系统化，当代语境下的食物设计应该体现多个维度的意义。基于此考虑，笔者提出了"当代语境下的食物设计维度"，如图1-12所示。在该立体三维坐标系里，每一个层面都有与之对应的延续与发展维度。该框架主要从三大维度进行展开，分别为感受维度、文脉维度、效率维度。

①感受维度，一端为味觉、嗅觉等官能层面，另一端为意义层面。譬如消费者从一道菜肴或零食食品的美味中感觉到了儿时的味道，唤起了儿时记忆，这充分体现了感受维度的官能层面与意义层面。

②文脉维度，从传统文化到新兴文化的角度考虑，该维度更加注重立足于文脉层面的探寻。从设计角度介入食物文化层面，以食物为媒介，呈现着饮食文化的多元性、变迁性。

③效率维度，在该维度里，食物创新目的的两端对应着便捷与繁

复。诸如快餐熟食的食物毫无疑问追求的是便捷性，而打造礼品属性的
食物设计目的则呈现出不一样的风貌，往往会追求仪式感等。

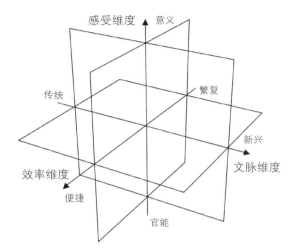

图1-12 当代语境下的食物设计维度

第二章

食物设计创新
路径与创意转化

第一节 "餐桌框架"

一、思考创新路径框架

从设计学的角度来看，食物设计是对饮食文化、生活形态等进行多维度解读、重构的过程，其连接着生活的方方面面，从综合视角体现着食物所呈现的社会意义、价值性、系统性等。食物源于自然，根植于土壤、河海。但当食物进入人类社会后，食物以另一种脱离了生理基础层次的身份与社会系统形成融合，进而呈现出饮食文化的面貌，且与每一个人的生活工作息息相关。

立足于设计创新的角度，笔者对食物设计的创新路径提出了"餐桌框架"，如图2-1所示。以饮食文化和生活形态为基础，两者好比构成了X形餐桌的支架，其作用与构建基石一致。比如外出就餐活动，它既是当下的一种生活形态，同样也是一种文化现象。饮食文化与其他文化不同，它是真正可以扎根于民众的生活、民族的风俗、国家的印记中，时时刻刻地、润物无声地影响着每一个人和每一个群体。深入则以文化认知高度示人，浅出则以活动现象参与到人类的经济社会体系中。

为了方便阐述食物设计的创新转化路径，以餐桌的比喻形式进行呈现，就像不同的路径对应着餐桌上的不同"碟盘"，不同路径之间相互作用和搭配，共同构成了一桌完整的"宴席"。而不同的方法、不同的设计重心等会让创新路径的能动性发挥出现差别，宴席的主题性则随之产生变化。譬如，以宴席主题性为例，有前菜、主菜、主食、甜品、茶宴等不同类别的菜品，根据不同的主题可调整菜品的种类、顺序等。在不同主题之上，营造不同的氛围，并使饮食就餐环境等与之相适配，使人

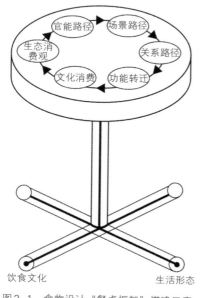

饮食文化　　　　生活形态

图2-1　食物设计"餐桌框架"搭建示意

有身临其境的沉浸感。运用艺术、美学、自然等多种手法对就餐环境进行设计，以突破人们对就餐环境千篇一律的印象，使艺术美学、文化氛围等与食物之间达到更高的融合，提升用户的就餐体验。不同主题所带来的体验感、氛围感等也有差别，这正是主题性差异化给人带来的独特感受。

食物设计的创新转化路径，与主题式的宴席一脉相承，食物设计的转化路径与主题宴席的关联性，正好体现着这一特点。具体来看，在以餐桌为平台的基础之上，有着诸多不同的食物设计路径，每条食物路径代表着一个与之对应的"碟盘"，当所采用的路径、方法、设计手段等有所不同时，所产生的食物设计的成果、风格、主题等也不尽相同，这样的变化规律与主题式宴席有着相近之处。

最为常见的食物设计的六条转化路径分别是：官能路径、场景路径、关系路径、功能转迁、文化消费、生态消费观。将其视为餐桌、宴席上的每一道"菜品"，各个路径之间相互联系，并在一定条件下可调换、转化，亦可依据主次的不同、主题的不同等，对路径的先后顺序等进行调整，在此共同作用之下，形成了一个完整的食物设计体系，并伫立于饮食文化与生活形态的基础支撑之上。

二、构建食物设计体系

食物设计旨在改变人们对食物本身所形成的固有印象，设计思维介入食物设计，人们的需求层次逐渐提高，这种需求层次的提高，也体现着人们对食物的发展提出更新的要求。马斯洛需求层次论认为人类的需求层次呈现着由低级向高级逐渐发展的过程，由最初级的生理需求、安全需求逐渐向归属需求、尊重需求发展，最终满足自我实现需求，这样的需求延伸体现了人类需求发展规律，而在逐渐的发展中，可发现有时人类的行为通常是多动机、多需求相互影响的。马斯洛需求层次论将人们的需求规划出了层次，并具有很强的实际操作指导意义，而这与食物设计所发挥的作用相互契合。食物设计通过重构食物与人、社会之间的关系，提升人们的多维度体验，对于需求层次的逐级实现发挥着重要作用。

食物设计既不能脱离饮食文化单一地将其理解为食物就是材料本

身，也不能抛开设计创新和设计创意来过度强调食物的核心价值。要通过设计思维、设计手段对食物进行深入解读，打破人们关于食物的单一认知结构，重塑人们关于食物的文化体验。因此，基于设计的价值与用户需求，笔者探索与前述的创新框架作进一步的维度整合，提出了更加侧重设计视角的食物设计"餐桌框架"，如图2-2所示。食物设计创新转化路径与XYZ三维坐标系形成维度对接，该坐标系模型类似餐桌，将文化作为其坚实的底蕴土壤，设计思维作为拔高创新价值的支撑，饮食文化和生活形态作为基石，对文化主题性的食物设计进行探索。并通过官能路径、场景路径、关系路径、功能转迁、文化消费、生态消费观多路径之间相互作用，共同形成一个更为具体的食物设计体系，探索食物的创新意义。设计不仅仅是解决实际问题，也可以引领意义的探索，从而创造产生出更多价值需求。

图2-2是将巴蜀饮食文化作为文化土壤的例子。食物设计置于饮食文化、生活形态、饮食感受的三维架构空间中，对食物设计所体现的价值实现、需求实现进行延伸，在多个维度的共同作用下，最终可呈现出一个食物设计"餐桌框架"（food culture-life style-dietary feeling table，可缩写为"CLF table"）。在该食物设计"餐桌框架"中，价值实现和需求层次实现是食物设计过程中重要的意义体现，它虽隐藏于物质表面之后，却无处不在地体现着食物设计所发挥的价值。食物设计也悄然地改变着人们传统的生活形态，这种生活形态由最初满足饱腹的生理需求层面发展到追求高质量的安全、社交、尊重和自我实现层面，用户对饮食及进食行为所相关联的部分提出了更高的要求，而食物设计正是通过重新解读人们的生活形态，改变原有的饮食文化，即饮食文化并非一成不变的固化。

在食物设计的设计系统性塑造过程中，随着饮食体验感受的不断提升，用户的价值实现也在饮食文化体验的延伸中，逐渐由最初的感官价值获得，到精神价值的体现，再到文化价值的实现，价值的实现度也不断提升。因此，饮食文化在多维度的共同作用下，更加扎根于文化土壤，从设计视角介入，围绕六条不同路径，对食物与人、食物与社会的关系重新进行诠释，在满足用户价值需求的同时，展现了食物设计的社会意义。

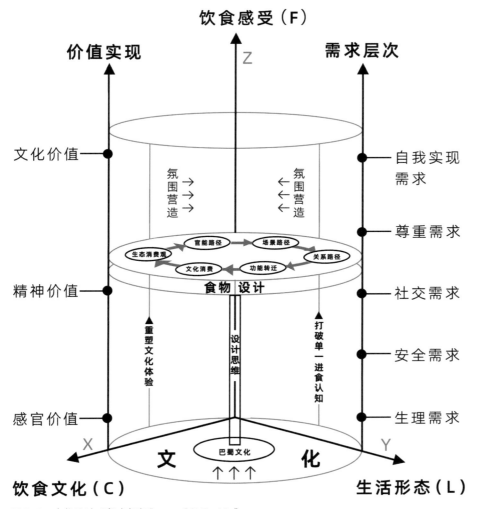

图2-2 食物设计 "餐桌框架" —— "CLF table"

第二节 官能路径

一、感官体验与食物设计

暂时抛开设计视角不谈，食物与吃的感受具有最直接和最原始的关联。吃，无论是为了果腹生存，还是为了美妙味道，都与官能感知路径密不可分，"味"是一个基础。

在中国数千年的历史长河中，中国人对"味"的理解也是一个发展的过程。随着20世纪生物学、化学和食品科学取得长足发展之后，传统意义上的"味"分为三部分：一是味感，即人的舌头对食物滋味的感觉；二是触感，口腔对食物的触觉，即日常所说的"适口性"；三是嗅感，鼻腔对食物挥发性气味的嗅觉。值得一提的是，食物设计要调动的官能通道不仅仅是味觉，视觉依然是极其重要的感知路径。当代心理学的研究表明，人在摄取外界信息的五个感觉中（触觉、嗅觉、味觉、听觉、视觉），视觉获取的信息占比达到了83%。因此，视觉官能路径上的设计创新往往最为直接和高效。

此外，正如前述食物设计是一个具有全局性意义的设计系统，而非单一层面的解读，无论是其中的食物、相关的产品，还是身在其中的用户、所处的环境等，都是可形成共同作用并影响彼此的要素。例如，食用同样的食物，不同的就餐环境所带来的体验感是不同的，用户所接收到的感官信息也有所区别，感官体验部分会存在一定的差异性，由此可见，食物设计与官能体验之间存在着相互影响、相互作用的关联性。

如图2-3所示，感官对于食物而言有非常重要的影响作用，人们对于食物最基本的判断是味觉、嗅觉等多个感官层面共同作用的结果，甚至各感官之间会形成转换，而食物设计更像一种系统的设计，将感官体验引入食物设计中，可以更好地增加官能层面的刺激。官能体验是与食

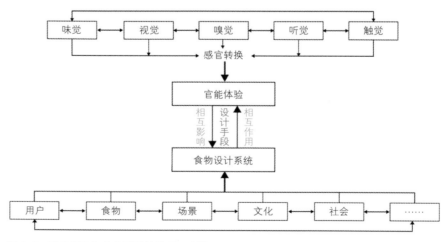

图2-3 感官体验与食物设计的关系示意图

物设计之间是相互作用、相互影响的，能够促进就餐体验感的提升给人们带来多元化感受，通过官能层面的积极影响，使食客产生愉悦、舒适、轻松等的体验感。食物设计从官能路径介入，可以更多地发挥感官体验的有效影响力。

二、视觉的角度

在烹饪领域，人们常常说"色香味形"，"色"与"形"均来自视觉感受判断。足以见得，除了味觉外，视觉在食物设计中举足轻重。因此，食物设计从视觉角度塑造官能体验是最为直接的方式，也能直观地表达出食物设计的主题性视觉审美以及设计师的审美取向。在诸多食物设计作品中，翻糖蛋糕的设计就是非常典型的"视觉系"路径，而翻糖蛋糕也成为最常见的食物设计作品形式之一。

在18世纪的英国，人们为了丰富蛋糕的风味，尝试在蛋糕内加入一些野果，并开始在蛋糕的表面抹上一层糖霜（royal icing）。到了20世纪20年代，三层的结婚蛋糕逐渐成为当时蛋糕的主流。三层结婚蛋糕的每一层都有相应的讲究，最下层的蛋糕常用来招待婚礼上的宾客，中间部分的蛋糕用以送给宾客，而最上层的蛋糕通常保留到婚礼仪式结束后再食用。20世纪70年代，糖皮（sugar paste）被澳大利亚的烘焙师发明出来，在随后的发展中，英国人将糖皮引入，并将其发扬，但在当时，这种蛋糕只能在英国王室的婚礼上才能见到，因此也被视作贵族的象征。在对糖皮的研究和不断改进之下，将这些材料进行改良，烘焙师制作出了花卉、动物、人物等元素，搭配更多精美的元素对蛋糕进行装饰，逐渐形成了一种新的蛋糕和西点的表面装饰手法——翻糖（fondant）。

最初，将蛋糕与翻糖手法相结合而形成的翻糖蛋糕多为英国皇室享用，当时是皇室和贵族的象征。后期，随着时代的发展，翻糖蛋糕逐渐进入大众的视野，也被用于普通人的生日纪念、庆典等（图2-4），使用范围也逐渐扩大，被广泛熟知并进入人们的日常生活中。由于翻糖有较强的延展性，便于塑造各种造型，因此翻糖的制作也成了制作翻糖蛋糕最重要的一个环节。翻糖蛋糕是一种工艺性很强的蛋糕，利用翻糖工艺所制作的蛋糕可如同装饰品一般精美漂亮。翻糖蛋糕将装饰艺术与食物结合，形成了一种具有艺术观赏性的食物。

图2-4　国外用于婚礼庆典的翻糖蛋糕

图2-5　周毅《繁花醉梦》翻糖蛋糕作品

翻糖蛋糕起源于国外，也正如食物设计理论源于欧洲一样，但与中国文化碰撞，与中国审美结合又会给人以什么视觉感受呢？中国的翻糖大师周毅制作的翻糖蛋糕呈现出了他的思考与精湛工艺。如图2-5所示，在其作品古风翻糖蛋糕《繁花醉梦》中，以翻糖为设计媒介，塑造了一段断壁残垣场景，展现繁花从残壁中生长盛开的景象，与翻糖蛋糕上的人物杨玉环之间形成了一定的衬托与对比。残壁与繁花的对比，残壁的景象与人物的美好形成对比，利用精湛的翻糖工艺，使食物与艺术设计相结合，形成了强烈的视觉冲击力，从视觉及味觉角度带来了极致的感官享受。

发展至今，翻糖蛋糕已经成为一种食物领域的文化创意产品。同时也有越来越多的中国甜品师在食物设计与中国文化元素、中国视觉审美相结合的道路上倾注了他们的探索与匠心。将翻糖蛋糕中国化，是中国翻糖蛋糕设计师的首要任务。中国传统文化博大精深，翻糖蛋糕虽是"舶来品"，却能与许多传统文化和技艺完美融合。美食作为创意媒介，成为讲好中国故事的一种特别载体。譬如苏州翻糖蛋糕师韩磊，探索出了用巧克力翻糖演绎中国文物器型。巧克力被晾干后具有类似陶或铜的

图2-6　韩磊的巧克力翻糖设计

光泽，而亮闪闪的翻糖则更像瓷器。如图2-6所示，韩磊将这两种食材混在一起来表现中国传统文化视觉元素，做出了众多中国文物器型类的巧克力作品与翻糖作品。

与用巧克力制作文物器型类甜品的创作思路类似，近年来颇受游客追捧与喜爱的景区特色冰激凌也是非常典型的塑造独特视觉审美的食物设计。如图2-7所示，和翻糖蛋糕的糖皮糖霜、巧克力糖浆一样，冰激凌也成为一种塑形的材质。

冰激凌已经成为当前比较特别的食物类文创产品。而博物馆与景区的文创产品设计历来格外重视对馆藏文物原型和景区代表性地标的形态特征的模仿或提炼。因此，将食物作为一种特殊载体通过食物设计对其形态进行重塑或演变。再者，形态要素本身也是视觉识别中的首要设计路径。博物馆美食文创最直接、最朴素的设计方式是对"镇馆之宝"馆藏文物原型形态、博物馆特色建筑等的模拟。正是由于这种简单明了的视觉识别性、文化要素针对性，促使文创雪糕能迅速成为一股显性的风潮。而文创雪糕也成为当前大众最能经常接触的食物设计形式之一。

当然，好的文创雪糕也绝不仅仅停留在形态的简单模仿上，还应该做到视觉元素与文化内涵的逻辑自洽；景区文创雪糕应追求视觉提炼的经典性。这种经典性包含了代表性景观与地标（图2-8）、典型IP形象，以及游客所喜爱的有趣场景等。譬如图2-9中北京动物园推出的文创雪糕，将常以"高难度"攀爬动作示人的大熊猫"萌兰"作为主体，形象捕捉到了"萌兰"堪称最经典的一字马动作的一瞬间，将其作为雪糕的形态。而图2-8中央广播电视总台文创雪糕的麦克风款，设计者巧妙地

图 2-7 文创冰激凌

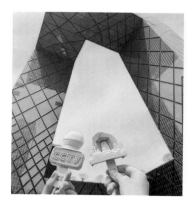

图 2-8 中央广播电视总台推出的文创雪糕

图2-9 北京动物园推出的"萌兰"文创雪糕

将吃雪糕的姿势与采访时拿话筒的姿势进行创意设计，营造出了采访与吃雪糕相映成趣的特别体验。这比仅仅是形态模拟的设计更加具有创意的巧思，食物作为介质，在视觉的基础上还传递出了诙谐幽默。

三、通感的角度

除了将视觉作为设计创新点之外，味觉、嗅觉与触觉也可以作为体验触点，并成为调动其他官能通道的创新点。由于食物与食材的特殊性，有健康卫生等方面的限制，其他官能通道的感知往往离不开视觉通道，因此涉及通感的设计运用。

通感原本是一种修辞方法，在文学艺术创作和鉴赏中，用形象的语言使感觉转移，将人的视觉、嗅觉、味觉、触觉、听觉等不同感觉互相沟通、交错，彼此挪移转换，不分界限。譬如，在文学描述中将本来表示甲感觉的词语移用来表示乙感觉，使意象更为活泼、新奇和生动。运用通感，颜色似乎会有温度，味道似乎会有形象，冷暖似乎会有重量。

1. 触觉的移觉

利用食物材质的颜色、肌理、光泽，模拟出与食物本身不同的其他触感联想，让视觉与触觉之间形成了互通转换。如图2-10所示，利用鸡胸肉做造型，表面粘满面包糠形成毛茸茸的食物表面，塑造出了宛如毛绒玩具一般的动物形象；利用沙拉酱将肉松裹附在表面，又可以塑造出宛如泰迪小狗般毛茸茸的外表。在这道美食里，毛茸茸的触感是最为吸引人的创新点。当然，面包糠和肉松等食材也能使人一眼分辨出它的可食用性。

在这个案例中，触觉与视觉形成了非常出色的联动。好的食物设计

图2-10 食物的触感（神奇妈妈的料理）

创意要让触感的运用使人觉得并不违和，能真正地引发人们对口感的想象，或松软的，或酥脆的，或软糯的，进而让人愿意去尝试一番。

2. 嗅觉的移觉

当气味分子进入鼻腔，到达嗅觉黏膜时，气味接收器捕获气味并向大脑传送信号，这是嗅觉产生的基本原理。嗅觉的特别之处是嗅觉感受器每24小时更新一次，也就是说每天早晨你醒来时嗅觉都是全新的。如果今天你闻到很多气味，感受器已经饱和了，但是睡醒之后，第二天嗅觉重置了，气味接收器依然可以捕捉气味并且向大脑传送信号。当气味信号传达到大脑的时候，会抵达大脑的情感中心。所以我们感知气味时，第一反应就是喜欢还是不喜欢，之后才会反应是柠檬还是玫瑰。食品科学实验还证明，在风味品尝中，嗅觉的作用占了80%以上，倘若没有鼻子的气味感知功能，许多美食都将索然无味。

如图2-11所示，白象品牌利用独特口味在年轻消费者中营造出了猎奇性的趣味。整个食品系列以香菜为主题，通过视觉设计唤起消费者极致的嗅觉迁移联想。在这个案例中，刻意放大了嗅觉的冲击力，从而进一步引起消费者对独特风味的好奇，成为一种口味营销。

3. 听觉的移觉

听觉在食物设计中是比较少见的着眼点，往往需要利用听觉感官有效地促进人们对场景的联想，并且，在该场景里听觉发挥了不可或缺的重要作用。如图2-12所示，甜品师利用吉利丁、橘子、藻油、奶酪等材料呈现了橘子海果冻。整个果冻宛如日落余晖笼罩下的海边，用奶酪模仿出了沙滩上的层层浪花。在这件食物设计作品中，仿佛蕴含着阵阵浪花涛声，不禁让人想起吟唱的歌谣《外婆的澎湖湾》中的"阳光、沙滩、海浪、仙人掌……"

在这个案例中，毫无疑问，听觉成为最引人注意的闪光点，诸多视

图2-11　猎奇性的嗅觉与口味营销（白象）

觉元素的呈现都是围绕着听觉的塑造而展开，唤起联想的歌谣也是充满着听觉的美好，营造出了食物的童真感。

图2-12　橘子海果冻（希子妹妹）

第三节　场景路径

一、场景与官能的关系

味觉具有奇特的作用，其原本存在的意义是为了保护人类避免在大自然中遭受误食的危险等。人类会排斥不喜欢的味道，例如药物的苦味会引发人们味觉的抵触，而蛋糕等食物的甜味则更被喜欢和接受。味觉的体验感，可直达人心，但与饮食相关的体验却不仅是味觉层面，视觉、触觉、嗅觉等多个官能通道相互作用，都会影响人们就餐时的体验感受。对于饮食的整个过程而言，不应只局限于食材、食物本身、味道、器物等单一视角的考量。一次令人印象深刻的饮食体验，不仅仅只有"吃"那么简单，而应是多个维度的共同作用。例如，视觉对味道的感知、饮食的体验有调控作用，食物的造型和色彩、环境的烘托、场景的搭建等都对就餐者有直接的作用力。许多体验触点共同组合为饮食体验场景，而官能通道则不可或缺地让就餐者感知到这些触点。

官能通道从一种相对比较微观的层面感知食物设计，而场景路径则是从一种更宏观与综合的层面塑造饮食体验，集合众多感知进而使人形成一种心理、情绪等的沉浸式体验。如图2-13所示，是一家以中国古代宋朝为主题的餐厅：图宴餐厅。该餐厅全方位地还原了宋朝的饮食场景，无论是餐厅的硬件环境、菜品选择、菜单体现，还是氛围营造、陈设物件等都以宋代的饮食、文化和美学特点为设计取向。整个餐饮场景营造出了浓厚的宋代美学气息。其中，每一道菜品都有其独特的文化含义，对应一首宋词。

该餐厅从菜品到整个场景都无一例外地围绕营造沉浸气氛来设计。场景是为餐饮体验服务，以饮食文化为内核。

场景路径可以形成一个相对封闭且设计目标统一的场域，促使多维度设计介入饮食环节，通过多元的感官感知来增强就餐者就餐时的沉浸体验感，使就餐者如同身临其境，感受宋代饮食文化，这样就餐者既能拥有良好的饮食体验感受，又能加深对宋代文化的认知与理解。尽管在"色香味形养器境"提法中，境是作为与之并行的维度，但在实际设计过程中，境又可

图2-13　图宴餐厅

以作为一种场域意境发挥其包容性，吸纳前面多个维度，并且充分调动官能通道。如图宴餐厅中的古曲现场演奏，就是将听觉通道引入餐饮场景；熏香是利用嗅觉通道来强化人们的美学文化感知。场景路径不能脱离官能通道而独立进行创新，而官能路径可通过场景路径得到多维度的塑造。与此同时，官能路径又可以服务于场景路径，使之具有文化内核，形成心流的沉浸场域。

二、基于场景的食物设计创新

1. 场景与习俗演化

立足于食物设计将场景切入创新路径，可以比较高效地调动多种官能感知，一方面赋予食物更多的文化内涵；另一方面也加深就餐者对进食过程的体验，最终实现对食物蕴含的饮食文化更深刻的理解与记忆。场景创新路径最终要回归并服务于食物本身，否则会陷入形式与内容的争议。

场景的创新可以着眼于仪式感和氛围感、互动性和主题性，让就餐过程意境充盈。其实早在我国古代，餐饮场景就开始与习俗形成紧密的关系，著名的"曲水流觞"就是典型案例。曲水流觞原本是上巳节的重要祭祀活动，在先秦时期被赋予了很多的神秘性。《尔雅·释天》中有"祭川而浮"的说法。"流觞"是一种祭水的仪式，而"水"，也就是古代人们所说的"圣水"，一种神圣的东西，是一切生灵的本源，而"曲水"则是一条狭长而平坦的小河。该祭祀仪式是先将鸡蛋、红枣放入小河、溪流中祭拜，以示对江河灌溉田地的感激之情，祈祷来年风调雨顺，然后再捞起鸡蛋、红枣，享受老天的馈赠。西周时期兴起了一种名为"月光禊洛"的仪式，该仪式起源于周王修禊在曲洛饮酒。传说周王在洛水之畔饮酒，一壶酒不慎落入了洛河，借着月光，酒壶顺流而下，被下游的人一饮而尽，心情大好。"曲水流觞"也叫"九曲流觞"。"觞"是古代用来盛酒的器皿，也就是酒杯。觞通常用较轻的材质如角或木材，体积很小，重量很轻，下面有一个支架，可以在水里漂浮。还有一种两侧有耳的陶瓷杯，名为"羽觞"，因为它比木杯沉，所以使用时必须将其置于莲叶或者木盘上，才能让它在水面上漂浮。后来"曲水流觞"就成了一种习俗，逐渐被发展为文人墨客作诗饮酒时的一种雅事。到了汉代，曲水流觞完全成为一种娱乐性饮酒的游戏。游戏的内容是在一条蜿蜒但并不湍急的河边，所有人在河边坐下，然后有仆人倒上一杯美酒，让酒杯在河面上漂荡，酒杯落在谁的面前，谁就要赋诗一首，如果写不出，就会被罚酒（图2-14）。

中国最为著名的书法作品《兰亭集序》，正是王羲之和谢安等人在兰亭举行的一场曲水流觞席面上挥笔写下的。东晋永和九年王羲之身为会稽内史、右军大将军，召集了一群来自东土的名士和世家子弟，在会稽山的兰亭举行了第一次兰亭雅集，王羲之作了三十七首诗。这次的"上巳修禊"，不但造就了"天下第一行书"，更是为后人留下了一处独特的文化景观。书法家王羲之在《兰亭集序》中对当时的饮酒场景有所描述："此地有崇山峻岭，茂林修竹，又有清流激湍，映带左右，引以为流觞曲水，列坐其次。"于是，兰亭这一次宴饮成为我国历史上最为著名的一次流觞曲水宴饮盛事。

2. 场景与饮食文化

肴馔酒饮与祭祀祈福无论是在载体场景还是祈禳内容上都具有高度相关性。随着历史文化的发展演变，哪怕日常饮食场景也逐渐被赋予了更多的意义，并将其融入饮食文化的体验过程。对于食物设计来讲，场景可以有效促进饮食文化体验的触达，让饮食与文化在场景中形成紧密联结。

曾经大火的一部电视剧《知否知否应是绿肥红瘦》中有一幕戏是将曲水流觞运用到宴席中的场景。当然，剧目中有再创作的成分，甚至可

图2-14　古代曲水流觞场景

以说，是当代人对曲水流觞的另一种时代性解读与应用。曲水流觞从一种饮酒作诗的形式逐渐演变成宴席的一种形式，并利用这种场景式的饮食聚会招待宾客。食物沿着水流缓缓循环，既营造出了宴席排场，又将仪式感与趣味性融为一体，同时又不失一定的功能实用性。

又如图2-15所示，著名美食博主李子柒将曲水流觞宴进一步升华，将这种场景式的宴饮与器具结合，将餐桌进行设计改造，使这种场景与日常的餐桌融为一体，并在其间搭配植物、花卉、器皿装饰点缀，使大型饮食宴席更贴近日常百姓生活。李子柒的视频，更能让人感受到食物的美好。这种美好既有源自食物的本真鲜活，又有源自饮食文化的感受，也有源自视频媒介对场景的捕捉和定格。视频中对食物的呈现，或静或动，或近或远，辅以虫叫鸟鸣、柴火燃烧等的听觉元素，构建出了美食视频的场景感，颇具有引人入胜的魅力。这种魅力也体现了心流的形成，让食物与食客、食物与视频观看者之间形成了美食文化沉浸感。

3. 场景与饮食空间

食物设计视角的场景创新路径，对餐饮业有着非常明确而直接的借鉴价值，对食物设计外延的探索也具有促进意义。除了对传统文化的挖掘和转化应用以外，空间设计与现代科技能辅助探寻饮食文化的当代性。

饮食空间的商业化运营则成为一种餐饮业场域。饮食空间的调性又由多元角度的设计元素构成。消费者置身于该空间中，其自身也属于商业创新的要素。制造更多元的官能体验和创造更丰富的文化意义成为两条比较明晰的场景创新主线。

如图2-16所示，Paco Roncero工作室从多感官角度打造了一个特别的美食餐饮空间。该美食空间从灯光、光线强弱、色彩变化、味道、

图2-15　李子柒视频中的曲水流觞场景

温度、声音等多角度营造感官刺激体验。空间内的陶瓷桌有加热的区域，以保持盘子的温暖或冷却，而振动区域帮助准备某些盘子。扩散器安装在悬挂管内，使水蒸发并保持适宜的湿度。一些扩散器还保留着不寻常的定制气味，包括蘑菇的气味和潮湿的草等多种气味，使用户在就餐时能够感知到嗅觉的引导和刺激。该美食空间场景以科技作为媒介，改变参与者的视听体验，从食物设计的角度进行探索与思考，并对食物与人、食物与空间环境等之间的关系进行重新考量，为就餐者打造沉浸式代入感，重塑就餐者的就餐体验，增强就餐的乐趣。

图2-16 Paco Roncero工作室设计的美食空间

　　如果说图2-16中的餐饮空间案例的高科技感突出，同样都是沉浸场景，那么图2-17的"沏噢茶"新中式茶馆则与之刚好相反。以一种大众的视角调动对各种传统中式元素的审美情趣，搭建一种浓缩的、聚合的"新中式"想象，诸如小桥流水、竹影婆娑，彰显了一种闲适放松的场景。前者的沉浸是高科技带来的从外到内的官能刺激，而后者的沉浸可谓是从内到外的感受抒发。

图2-17 成都的"沏噢茶"新中式茶馆

第四节　关系路径

1. 行为关系

人们对食物味道的评价受综合体验的影响，甚至有的时候，与食物本身无关，它会受到诸如心情的影响，"吃"也是一种社会行为。食物设计通过对特定场合中人们的情感状态、心理感受、体验等进行改变，力求达到协调与平衡，"吃"由就餐者完成，但体验感由设计师进行改变，此改变不仅包括对食物与人之间的关系进行探索，还探寻人与人之间的关系，从食物设计角度，对食物与人、人与人、人与器物之间的关系进行调节，从综合性、全局性的角度对就餐过程中的每一个环节进行改变与调节。

食物设计的创新路径之一可以着眼于重构食物与人的关系，让"吃"这一行为不单单是一个动作的体现，还包含了多个角度的含义。譬如一些美食的传承以家庭为载体，常常听说美食的经营者是第几代传人。在食物与人的关系上，人类为了维系生命而寻找食物，演变至今，食物不再是简单满足生理需求这一层面，很多时候人们追求如何吃得更好，或者是对某一种味道的维持与传承，对其本真味道的坚守。这种坚守与传承关系也成为与狭义的"吃"完全不同的概念。

2. 情感关系

不同的地域条件，造就了不同的美食，每一种文化背景之下的食物，都有其存在的意义，追踪起源，都与一定的地理、历史、人文等有着密不可分的联系。正如纪录片《舌尖上的中国》的解说词所言："味道是具有多重意义的，味道也许代表着阳光，也许仅仅是盐本身，也许是山间的味道，也许是风吹过的味道，也许是时间痕迹的味道，也许是这世间中人情的味道。"味道在不同地点、不同时期被赋予了不同的含义。因而，食物所联系的是某个地域具有特性的味道，而这种食物的味道也是会随着时间印入人心，成为独属于家乡、怀念、记忆的味道。从这个角度来讲，食物蕴含着乡土的深厚情谊。即使人远赴重洋，哪怕相隔千万里，食物都可以通过深刻于人们童年记忆中的、烙印于人内心深处的乡味眷恋形成无形的、无休止、割不断的牵扯。这何尝不是一种关系的佐证，而且这种关系是无形的、坚韧的、持久的、难以割舍的，皆隐匿于食物味道之中。或许被味蕾觉察的一瞬间，情感关系宛如决堤的洪水，拦不住地奔涌而出。

3. 社会关系

食物与人之间的关系，还可从进食角度、与何人一起就餐、就餐中人与人的关系等角度进行重新审视，简而言之，食物可以折射出人的社会关系。包括人与自我、个体群体、族群乃至国家之间的关系纽带。食物设计可以针对这种社会关系进行重建或强化。

这种社会关系可以嵌入饮食文化中，也可以与行为关系形成联动构建。例如中国传统佳节食物代表之一的月饼，南宋时期月饼仅是一种点心食品，发展到后来人们逐渐把赏月与月饼结合在一起，寓意家人团圆，寄托思念。月饼具有了非常悠久浓厚的传统饮食文化印记。同时，月饼如今也是中秋时节朋友间用来联络感情的重要礼物。作为节日食品，从用它祭月到供人品尝、赠送亲友，在蕴含亲友团圆相聚、美好祝愿的基础上，还多了一层"礼尚往来"行为关系的印证。

若从食物的进食方式视角来思索食物与人的关系，可以让这种关系表现得更加简单。例如将来自日本的"回转寿司"和单人餐食、火锅等进行对比，如图2-18所示。相对而言，糖画和牛排的个体性较强，但是牛排的仪式感却高于糖画；而中式宴席和火锅都属于可以充分利用就餐连接人与人的关系的就餐形式，呈现出了明显的群体性活动特质。在这样的就餐形式之下，食物作为桥梁，更易拉近人与人之间的关系，形成热闹的氛围；回转寿司则属于个体性非常强烈，但是仪式感偏弱的一种就餐形式；而自助餐则属于群体性较强，但是仪式感弱的一种就餐形式。

由此可以看出，食物在一定程度上连接着人与人之间的关系，而通过食物设计可以强化或改变食物与人、人与人之间的关系。譬如随着单身人群的增加，社会上逐渐出现了一人定食、一人套餐的就餐形式，食物的分量、搭配、就餐环境等都呈现出强化个体的设定。针对一些"社恐"的消费者，餐厅甚至将点餐、送菜、结账等流程采用无接触式甚至

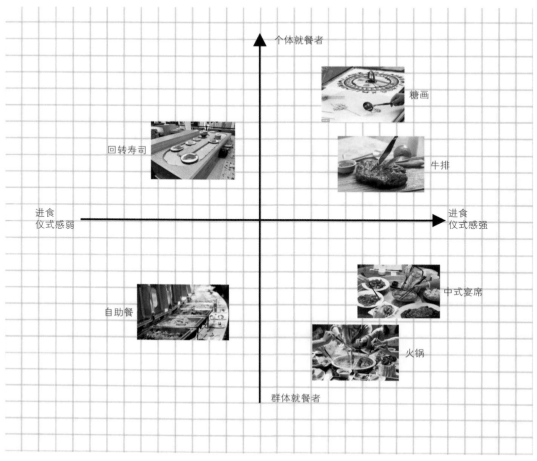

图2-18 食物蕴藏的与人之间的社会关系

是全程无人见面的方式。食物通过人的进食行为、餐饮文化等塑造人与人之间的积极关系，但有时也会产生消极关系。这是一种奇妙的关联，设计师如何去运用好它，正好体现出了食物设计的能动性。

第五节 功能转迁

一、何为功能转迁

食物设计一般说来不能摒弃食物可食这一基本原则，不提倡为了实现某个设计创意而造成食物的浪费。那么在保证食物可食用或饮用的基本前提下，为了食物更可口、更鲜美，设计目的往往会发生改变。食物在创意设计过程中，不再仅仅是为了"食"这个单一目的，因此，笔者把这种情况概括地称为食物设计的功能转迁。

"功能转迁"中的"功能"是指食物可满足生理需求或针对味道鲜美等单纯以吃为目的。"转迁"是指该目的的转变和转化、迁移和跨越，简单地说就是变化，食物设计已经不再是以味觉作为核心，而是探索更多的食物功能的可能性。

立足于创意设计的角度，针对食物的功能转迁创新路径，常见的功能转迁方式有：造型角度的、材质角度的、色泽角度的、肌理角度的、使用角度等的转迁。

二、功能转迁的常见方式

1. 造型角度的功能转迁

（1）精美盘饰

在烹饪视角下，诱人的"香"来自嗅觉，鲜美的"味"来自味觉，当菜肴摆上桌面的那一刻，第一时间吸引人的"美"来自视觉。对于餐厅来说，精美的盘饰不仅能提升菜品的价值，也能体现出餐厅的品位和审美。因此在高档宴席上，历来重视菜肴摆盘的重要性，它传递出了视觉美学以及蕴含的价值。那么，在食物设计视角下，有的食物可以改变其形态，通过创造新的造型，采取"助攻"突显菜肴主体的味或采取意境营造来突显菜品创新的主题性。

如图2-19所示，糖浆凝固为球状罩住菜肴主体，上面还点缀了花瓣做的一只蝴蝶。在洁白的方形盘面上，使用果酱绘制了一幅小鸟啄食的小品图。这一道菜品呈现出糖丝球宛如竹编的竹篓罩住食物不让小鸟偷食的景象，藏着来自烹饪者的点点俏皮与巧思。

（2）模拟仿真

使用恰当的食材与烘焙或烹饪技巧，使一种菜品或甜品逼真地模拟出另一种食物的造型，从而达到新奇的视觉效果。当食客品尝之后，由于造型的缘故又进一步体验到口感上的反差。譬如烘焙大师Cédric的甜品作品，通过逼真的模拟手法，引来了全球众多人士的关注与赞叹。

图2-19　糖丝与果酱的盘饰（阿峰果酱艺术工作室）

如图2-20，这些栩栩如生、逼真异常的水果实则是甜品，他创作出的
水果蛋糕被全球甜品界争相效仿。逼真得近乎偏执的造型细节，让他的
作品散发出令人称奇的惊艳魅力。

（3）形态塑造

形态塑造是指经过造型设计，使食物具有与常规食品不同的或非食
品类物体的形态。形态塑造与模拟仿真的区别在于，模拟仿真是用A食
物模拟B食物的形态，从而形成食物认知的反差感；而形态塑造往往是
使食物呈现非食物的形态。如图2-21所示，位于成都宽窄巷子的好利
来概念店的甜品以巴蜀文化作为主题，将巴蜀非遗文化中的花灯与食
物结合，塑造了花灯造型的甜品；将青城山建筑与食物结合，又塑造
了"问道"系列的甜品。食物设计将甜品与花灯、建筑等原本无关联的
物体进行了结合。对于这些甜品来讲，单一的食用功能已经转变为集食
用、装饰、文化展现等于一体，并且从视觉角度更具观赏性和趣味性，
同时还兼具突出的文化属性。

图2-20　Cédric的水果仿真甜品作品

图2-21　好利来巴蜀系列甜品设计

2. 材质角度的功能转迁

暂时不考虑食用属性，将食材视为一种设计的材料，在此视角上进行食物创作。从材质的角度进行食物设计创作，需要充分观察食物或食材的形状、颜色、韧性等特质，通过创意设计巧妙地发挥出这些食物的特质，从而呈现出另一种食物状态。暂不考虑食用属性并非浪费食物，而是在创作过程中不被它牵绊和限制创意方向，最终呈现的食物设计作品依然回归到食物的本质，作品材质的可食性依然作为突出的亮点。

从材质的角度进行食物设计在国外诸多巧克力类的雕塑或食物作品中比较常见。如图2-22，法国甜点大师Amaury Guichon创作了电影《地下城与龙》主题的巧克力雕塑作品。以巧克力作为基本材料，雕塑成形之后再喷涂上食用色素，让整个大型巧克力恶龙雕塑惟妙惟肖。

与图2-22的大型雕塑完全不同的是，图2-23则是充满了中国智慧的食物设计作品。作者以蒜薹为基本材料，巧妙利用蒜薹的纤维质地，通过切割、钻孔复刻出各种榫卯结构，再通过穿插拼接出一枚小巧精致的、中国乡村常见的蒜薹小背椅。整个食物创作过程洋溢着一种莫名的"治愈系"感受，复刻榫卯结构的过程中需要静心，还要精心地削切、镊取、钻孔。一把乡村椅子又勾起了很多人的童年记忆。该食物设计最大的亮点在于对蒜薹材质多粗纤维特性的利用，巧妙地将蒜薹与榫卯结构的传统椅子结合进行创作。

3. 色泽角度的功能转迁

将颜色与光泽作为食物设计的出发点，充分利用食材自身的颜色以及配合使用食品卫生法规允许添加的食用性色素。由于愈发多的消费者对人工食用色素的担忧或警惕，许多食品菜肴或甜品糕点开始采用天

图2-22 《地下城与龙》巧克力雕塑

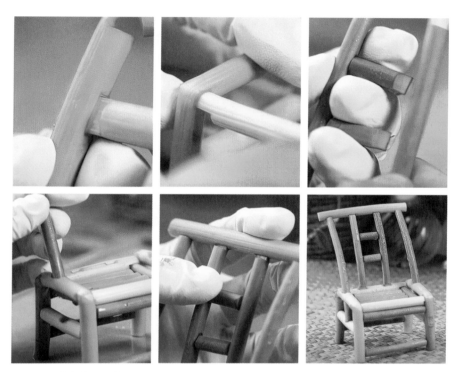

图2-23 蒜薹椅子（菜男）

然食材自身的颜色作为调配，诸如紫薯、火龙果、菠菜汁等，蝶豆花中
的天然蓝色素是纯天然的食品染料。近年来许多甜品使用蝶豆花水来配
制鲜艳的颜色。蝶豆花富含水溶性花青素，随着pH值变化而改变颜色，
遇到碱性物质变为绿色，遇到酸性物质变为紫色，遇到强酸性物质则呈
红色。

（1）颜色的调配

将食物的颜色视作调色盘，通过巧妙搭配、混合形成新的色彩感官
与颜色层次，并采用色彩构成、色彩绘画等方式让食品的颜色成为创意
亮点。在该食物设计的创作视角里，食物的颜色具有突出的颜色属性，
可以形成色彩缤纷、活力四射的彩度。通过调配使食物的颜色转移为一
种集色相、明度和纯度为一体的、动态的色彩语言要素，使食物具有使
人印象深刻的视觉效果。如图2-24，一位叫作何塞（Jose）的素食主
义甜品师，用食物的颜色来改写很多人认为素食"无趣"的刻板印象。
他的"星际迷航"系列冰棍，以椰奶、椰子蜜、蝶豆花茶和蓝莓汁为原
料，将曼妙而多变的蓝紫色冰冻。

图2-24 食物颜色成为"点睛之笔"

此外，将食材原料的天然色素融入流质食物，成为一种用作调色功能的食物材料，经过再创作，可呈现与布上绘画类似的效果。食物被转化调配用作调色剂，可实现为另一种食物增加色彩的创想。如图2-25，来自美食博主"希子妹妹"的食物创意。将荔浦香芋去皮切块蒸熟，加入酸奶和炼乳后打成泥，筛滤后成为细腻的半流质物，再添加带有自身天然色彩的果蔬粉，辅以少量食用色素调和出多种颜色，加入紫薯粉调出紫色，加入蝶豆花粉调出蓝色，加入南瓜粉调出黄色……以吐司面包片作画布，然后进行绘画创作，用食物再现了一幅世界名画。

图2-25 吐司上的名画（希子妹妹）

　　类似挖掘食物色彩可塑性的方式，俄罗斯甜品师 Evgnia Ermilova 探索出了一套奶油裱花的技巧。如图2-26所示，可食用的奶油成了她进行创作的颜料，奶油蛋糕裱花用的刮刀成了她的画笔，她用奶油堆叠出了各种花卉、风景，表现了奶油的色彩艺术。

图2-26　Evgnia Ermilova 的奶油裱花

（2）光泽的塑造

　　手塚新理（Shinri Tezuka）是日本一位著名的糖果艺术家。他设计制作的糖果充满了独树一帜的光泽感。日本人称糖雕为"饴细工"，制作糖雕的手艺人叫"饴职人"，但随着工业的迅速发展，糖雕在日本街头逐渐消失。直到近些年，新一代年轻匠人的出现，使沉寂已久的糖雕传统工艺迎来新的转机，手塚新理就是年轻糖雕匠人中的一员。他改良过去的糖雕造型，创作了一些更具艺术性的3D糖雕作品，将糖果细工与现代审美充分结合，充分利用了糖的光泽感。如图2-27所示，用糖雕手法制成的可乐瓶造型糖果，与一旁放置的真正的可乐瓶对比，几乎以假乱真，令人惊叹。可乐瓶造型的糖果正是充分发挥了糖果晶莹剔透的光泽感，才能达到堪比玻璃的视效。他的金鱼系列的糖果作品同样也

图2-27 可乐造型糖果与真实可乐的对比

抓住了光影、水润、晶莹的特征（图2-28），在糖上精细刻画出鱼身上鱼鳞斑点的色泽，让糖果惟妙惟肖地复刻出鱼儿在水中游弋的身姿与神色。糖雕金鱼栩栩如生，仿如活着的金鱼跃出了水面。

在该系列糖果食物作品里，光感塑造了极其重要的视觉感受。糖果金鱼的活灵活现离不开水元素，水光的呈现与鱼儿的游姿成为绝妙的搭配，相辅相成、相得益彰。

在食物的世界里，当光与色彩相遇，会呈现出一种或光怪陆离的、或缤纷旖旎的、或神秘梦幻的视效。加拿大的糕点师Ksenia Penkina，以制作镜面蛋糕而闻名美食界，她的作品表现了女性对色彩的敏锐（图2-29）。蛋糕上完美的淋面有如镜子一般的光泽，淋面不能有气泡，

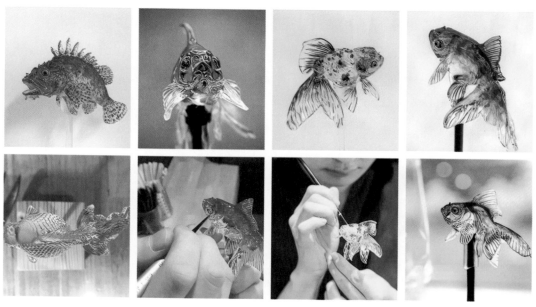

图2-28 手塚新理的3D糖雕金鱼系列作品

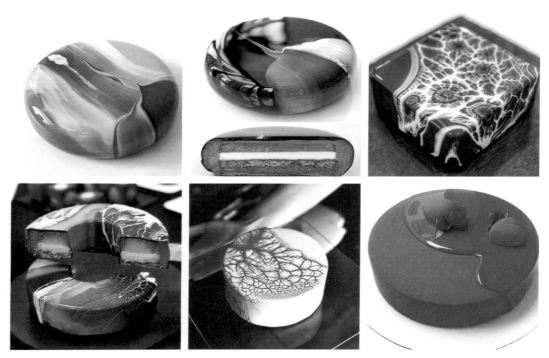

图2-29　色泽缤纷的镜面蛋糕

颜色的纹路也并非随意操作，时间、温度、力度、步骤都需要与颜色进行配合。每一个食物设计师都应该具有对颜色与光泽的敏感，或天赋因素，或更多是后天经专业训练习得。

4.肌理角度的功能转迁

（1）细节感

设计师在物体的肌理上重视制造出一般食物难以呈现的细节，通过细节展现出与众不同的细腻巧思。如图2-30，迷迭香被处理后呈现出了积雪挂枝的肌理，宛如雾凇枝头。将生粉用水和开后加蛋清搅匀成面糊，将迷迭香枝蘸匀面糊，再拍上干生粉后抖掉余粉，放入180℃的油中炸至脆硬，沥干油后就像冰雪覆盖在松枝上，白色颗粒下又透着一抹绿色，仿佛雾凇挂枝。就算是一支点缀用的盘饰，也凝结了设计师对细节的注重。

（2）特征感

摒弃食物本身的材质肌理特征，赋予食物新的不同肌理，塑造与食物本身不相干的特征，从而获得全新的认知。这种"不相干"的肌理，

图2-30　雾凇迷迭香盘饰

有悖于常规经验的判断，具有识别性强的风格特征，让观者获得深刻的印象。例如日本桑泽设计研究所设计的一件关于苹果的作品，以"画苹果"窥见莫奈等八位艺术名家的绘画风格。通过一枚小小的苹果巧妙诠释了世界艺术大师的风格，令人过目不忘（图2-31）。在静物绘画里，最常见的食物就有苹果。通过对苹果的设计，再现画作最典型的笔触特征。譬如，"伦勃朗的苹果"，伦勃朗的油画一贯采用"光暗"处理手法，即采用黑褐色或浅橄榄棕色为背景，将光线概括为一束束电筒光似的集中线，分布在画的主要部分。这种视觉效果，就好像画中人物站在黑色

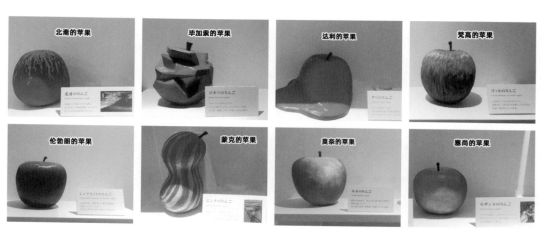

图2-31　"画苹果"与艺术风格（桑泽设计研究所）

舞台上，一束强光打在他的脸上。正如有人形容伦勃朗的画作特征是"用黑暗绘就光明"，与正常的自然光照射不同的是，这枚苹果存在着大量的暗部，顶部的光照射分明，炽烈地展示出果蒂。

通过强化食物的某些特征形成记忆点，这种方式在日常的食物创作中比较常见，是许多烘焙爱好者参与食物创作容易实现的创意方式。如图2-32，白色的肌理是这款个人家庭手作烘焙饼干最具特征的创意点，令人印象深刻，颇受小朋友的喜欢而"舍不得吃"。

图2-32　用糖霜制作恐龙化石肌理的饼干（桑瑞娟）

5. 使用角度的功能转迁

甜筒冰激凌是一个非常典型的例子，蛋卷筒是为了装盛冰激凌球，让人更方便地食用，可连同这个锥形容器一起吃下。蛋卷筒的设计就是立足于使用的角度诞生的经典食物设计。类似的设计其实在日常生活中也经常会用到，比如糖葫芦外面裹了层半透明的用糯米制成的"糯米纸"，以防止糖壳粘连，而这层薄薄的糯米纸可以一起食用。

用食物做容器，在传统烹饪技法中一直被使用。一是单纯作为装盛菜品的容器或摆盘使用，如火锅店使用冰球来装鸭肠等鲜货，使用面包装炒制的菜肴以达到吸油的目的。当然，后者往往不可避免地造成食物浪费，不值得提倡。二是把食材容器一起纳入烹饪，将装盛目的与食用目的结合。各类食材根据其形状质地的软硬情况，切削出容器空间，再结合口感、营养的搭配，形成另一道佳肴。譬如常见的菠萝炒饭，作容器使用的食材，中心挖出的部分可以一并加入炒饭中食用。表2-1列举了各种食材作为烹饪容器使用的案例。

对于食物设计而言，在倡导食物不浪费的基础上，除了作容器外，可以立足于使用的角度进行更多的可能性探索。

表2-1 食材做容器举例

菜肴/甜品	容器食材	图例
百合蒸梨盅	秋月梨	
奶酪香烤番茄盅	西红柿	
南瓜蛋羹	小南瓜	
肉末豆腐盅	白萝卜	
虾茸酿丝瓜	丝瓜	

第三章

外延与拓展：
与食物相关的设计

第一节　药食同源

一、食疗与药膳

1. 以食当药

饮食除了让人摄入丰富的营养外，也能入药起到一定程度的疗疾作用。唐代出现了专门研究食疗的学者和著作。唐代名医孙思邈被后世尊称为"药王"，所著的《千金方》和《千金翼方》均有专门论述食疗治疾的内容。《千金方》又名《备急千金要方》，全书三十卷，第二十六卷为食治专论，后人称之为《千金食治》。孙思邈引扁鹊之话道"安身之本，必资于食。不知食宜者，不足以存生"。意思是，人安身的根本在于饮食，疗疾要见效快，就得凭于药物。不知饮食之宜的人，不足以长生，不明药物禁忌的人，没法给人解除病痛。《千金食治》分"果实""菜蔬""谷米""鸟兽"几篇，详细叙述了各种食物的药理与功能。在孙思邈门下有一位著名医药学家孟诜，他写了中国第一部食疗学专著《补养方》。后来其弟子张鼎做了一些增补，易名为《食疗本草》，但此书早已散佚。后来英国人斯坦因在敦煌莫高窟中找到了《食疗本草》残卷，是一个很重要的发现。

到了唐朝末年，四川名医昝殷著有《食医心鉴》，也是食疗专著，而且有所创新，以病症分类开列数方。昝殷在论述每一类病症后具体介绍食疗处方，这些食方剂型包括粥、羹、菜肴、酒、浸酒、茶方、汤、乳方、丸、脍、散等，食材以稻米、薏仁、大豆、山药、羊肉、鸡肉、猪肝、鲤鱼、牛乳最为常见。这些成为药膳的雏形，譬如，缓解心腹冷痛用桃仁粥，缓解痔疮用杏仁粥等。当然，历史上还有许多关于以食当药的方子，有的不符合现代科学，需要用历史发展的眼光去审视和辩证思考。

对于食物设计来讲，以食当药的饮食文化赋予了创造更多意义与价值。我们都在说"设计赋能"，而这个"能"在不同语境下如何去理解？以食物为介质，设计不仅仅能创造出美味和美丽的造型，同样还可以探索对生命健康的关怀。譬如儿童挑食容易引起疾病，小朋友们往往不喜欢胡萝卜、西蓝花、秋葵等健康但味道寡淡、气味特殊的食材。通过对食物进行造型与色彩设计，搭配各种利于营养均衡的果蔬（图3-1），让儿童通过饮食获得食疗效果以及摄取各种维生素与微量元素，从而达到以食当药的目的。

图3-1 针对儿童群体的食疗设计

2. 以药入膳

"药膳"充分体现了"药食同源"的应用理念，药膳的形式自古就有。古时的药膳是以药入食，主要是为了使味道不佳的药物具备诱人的味道，变用药为用餐，达到防病、保健和康复的目的。约从唐朝末年开始，一些食疗著作不再仅仅停留于探讨单味食物的保健作用，开始使用复合方剂，初步具有了现代意义药膳的雏形。药与膳的结合，将古代食疗学推向了新的发展阶段。到了宋代，药膳应用更加广泛，两部重要的医药巨著《太平圣惠方》和《圣济总录》都分别有几卷专论食治。宋代还有专门为老年人编写的食疗专著，陈直著的《养老奉亲书》，比西方的老年病学专著早600多年。明代药膳继续发展，徐春甫著的《古今医统大全》介绍了药膳菜肴94种、汤类35种、抗衰老药膳方29个，是中国传统饮食文化中有关药膳的经典之作。到了清代，药膳专著频出，诸如沈李龙的《食物本草会纂》、王孟英的《随息居饮食谱》、费伯雄的《食鉴本草》等。

注重养生保健的现代人更是对药膳非常热衷，市场上出现了许多专门经营药膳的餐馆。但药膳进入餐饮行业后，注重的更多是一个"膳"字，而轻"药"的功效，适当地取药物之性，充分利用食物之味，具有较高可食性，以达到保健养生的目的。药膳的开发是在传统食疗理念基础上通过食物与饮品来探索契合于现代生活与现代口味偏好的饮食烹饪方式。药膳的开发非常重视药食同源的应用，讲究每种食材具有不同的味道，不同味道又有着不同的功效，作用于身体不同的部位。中医将"涩附于酸""淡附于甘"，以合五行配属关系，习称"五味"。如图3-2所示，五味作用的脏腑和经络是相对固定的。有些食材只对特定部位有效，有些则能够作用于多个部位。如果日常饮食中只大量摄取自己喜欢味道的食材，那么食物就无法平衡地作用于身体各部位，脏腑就会失去平衡。虽然需要根据季节和体质加以不同的调节，但均衡地摄取五味食材也十分重要，应仔细观察身体每天的变化，通过搭配食用功效各异的食材，可预防疾病，养生延年。

图3-2 食材味道与脏器的食疗关系（魔袋研究所）

二、药食同源的当代发展

随着当代食品和制药科技的高速发展，药食同源理念的应用和转化，早已不再局限在烹饪的范畴，各类保健食品、膳食营养补充剂、传统滋补营养品，以及广义的具有可能潜在保健功效的食品等汇聚成一个庞大的消费市场。2023年11月17日，国家卫生健康委、国家市场监管总局发布《关于党参等9种新增按照传统既是食品又是中药材的物质公告》（2023年第9号）。至此，国务院卫生行政部门共发布了三批次既是食品又是中药材名单，共计102种物质（表3-1）。这些规定的颁布，对药食同源市场的有序开拓起到了一定的积极引导、规范和促进作用。

表3-1　既是食品又是药品的中药名单

物质名单	出处	备注
丁香、八角茴香、刀豆、小茴香、小蓟、山药、山楂、马齿苋、乌梢蛇、乌梅、木瓜、火麻仁、代代花、玉竹、甘草、白芷、白果、白扁豆、白扁豆花、龙眼肉（桂圆）、决明子、百合、肉豆蔻、肉桂、余甘子、佛手、杏仁（甜、苦）、沙棘、牡蛎、芡实、花椒、赤小豆、阿胶、鸡内金、麦芽、昆布、枣（大枣、酸枣、黑枣）、罗汉果、郁李仁、金银花、青果、鱼腥草、姜（生姜、干姜）、枳椇子、枸杞子、栀子、砂仁、胖大海、茯苓、香橼、香薷、桃仁、桑叶、桑椹、桔红、桔梗、益智仁、荷叶、莱菔子、莲子、高良姜、淡竹叶、淡豆豉、菊花、菊苣、黄芥子、黄精、紫苏、紫苏籽、葛根、黑芝麻、黑胡椒、槐米、槐花、蒲公英、蜂蜜、榧子、酸枣仁、鲜白茅根、鲜芦根、蝮蛇、橘皮、薄荷、薏苡仁、薤白、覆盆子、藿香	《卫生部关于进一步规范保健食品原料管理的通知》（卫法监发[2002]51号）	87种
当归、山柰、西红花（在香辛料和调味品中又称"藏红花"）、草果、姜黄、荜茇	《关于当归等6种新增按照传统既是食品又是中药材的物质公告》（2019年第8号）	6种仅作为香辛料和调味品
党参、肉苁蓉（荒漠）、铁皮石斛、西洋参、黄芪、灵芝、山茱萸、天麻、杜仲叶	《关于党参等9种新增按照传统既是食品又是中药材的物质公告》（2023年第9号）	9种

魔镜市场情报平台发布的《2023药食同源保健品滋补品行业分析报告》显示，我国国民健康意识稳步提升，追求健康生活是消费者生活水平提升的表现，半数以上的养生人群愿意通过滋补食疗改善身体健康状况（图3-3）。在需求的推动下，中国膳食养生市场规模持续走高，近10年市场规模几乎翻倍，2023年中国膳食养生市场规模突破6000亿元大关。其中，对于药食同源产品（含上述提及的各种保健食品）品

类来讲，线上渠道的电商红利仍在持续，线上的消费比重仍在持续提升中，线上仍是保健滋补消费者钟爱的渠道。

报告抓取的大数据显示，药食同源产品的消费用户性别比例差异不大，女性略高：男性占45.80%、女性占54.20%。有意思的是，源于网络社交平台近一个滚动年提及药食同源产品的社交平台数据呈现的用户画像，中老年人群渗透率高并不意外，而年轻人的传统养生需求却成为当前市场的新驱动力。如图3-3所示，从年龄来看，55～64岁人群滋补养生渗透率达29%，24岁以下人群渗透率达19%。

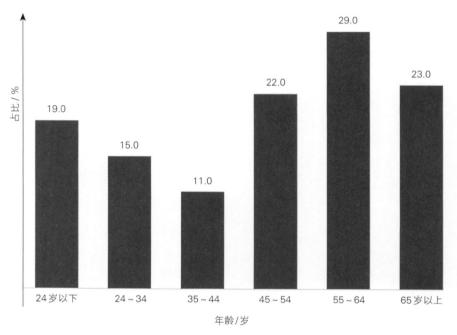

图3-3　不同年龄段滋补养生渗透率

当代年轻人聊养生，已经成为一种新的生活方式。CBNData《年轻人养生消费趋势报告》显示，接近九成以上的年轻人已经具有养生意识，超半数"90后"已经走在养生路上。当代年轻人呈现出了所谓的"朋克养生"的消费习惯，为促进药食同源类商品破圈，应尝试将小众产品推向大众化。有人用着最贵的护肤品，同时熬着最晚的夜；有人一口吃下数十粒保健小药丸，每天到健身房打卡燃烧脂肪。

"朋克养生"这个称谓虽然是网络上掀起的热点，但它确实反映出年轻人对养生的新需求，"简单、快捷、无负担"是年轻人的追求。年轻人需要在不影响正常生活品质和节奏下实现养生。这要求当下的养生食品饮品和药膳开发、保健品研发必须寻求突破来迎合年轻人的需求。譬如，年轻的消费者对药食同源产品充满源源不断的热情，泡枸杞、吃芝麻丸、购买人参饮料等，都为药食同源产业年轻化、创新化发展注入了动力。更有甚者，在年轻一代妈妈的助推下，"儿童养生"也进入了食品开发视野，例如有山药、芡实、白扁豆等药食同源成分的植物饮料很受欢迎。

此外，随着我国经济腾飞而诞生的"新银发族"概念，也昭示着药食同源食品行业进入了全新的时期，传统中医药文化、食品与生物科技和养生保健深度融合将充分服务于我国日益增加的年长的消费者。面向整个中老年人群的药食同源产品正在成为一个快速发展的朝阳行业。

三、食物设计驱动药食同源创新

1. 即食化设计

腾讯《健康滋补全域经营手册暨运营指引》显示，2018～2020年期间即食化在传统滋补品中的规模占比从26.3%迅速增长至35.6%，且还在攀升。传统滋补品的原始形态需多重加工，其次包装太偏向"药罐子""药品"风格，使用场景也比较局限。如今，主打滋补和养生的产品形态已经发生了较大改变，也令传统滋补品的使用场景和消费场景多元化，产品定位向"追剧零食""办公室养生""学业滋补"等扩展。

根据这些场景需求，再结合药食同源的发展轨迹，改变传统滋补营养品的性状，进一步推进向重"膳食"的方向发展，让这些食物能够即食和即饮，更加适合当前快节奏的都市生活。以人参为例，在药食同源市场上添加药食同源成分食品的销售情况中，人参名列前茅，占据了非常明显的销售优势。而传统的人参片剂泡水的方式，在当前高强度的工作生活中仍然略显麻烦，还有什么样的方式可以实现即食即饮呢？不同的品牌采取了不同的解决方案。品牌"杜江南"直接熬制好人参膏方，将12克人参膏嵌入一次性勺子中，只需要撕开勺子上的密封贴，加入热水搅拌均匀即可饮用，人参膏从设计思维角度不仅提供了即饮的方案，并且连同商品的包装也采用勺子的形式一起实现了即食性（图3-4）。

图3-4 "杜江南"人参膏方

图3-5 "天宫趣"人参固体饮料

　　品牌"天宫趣"则提供了另一种人参即饮方案，采用人参冻干粉的方式，冷热水均可冲泡（图3-5）。将可速溶的人参冻干粉装入一颗高约45毫米、口径32毫米的小塑料罐中，撕开密封膜，倒出人参粉冲入150毫升水即可饮用。整个过程与消费者比较熟悉的"小罐茶"的使用过程类似。"天宫趣"的即饮人参更加方便，用冷水或热水冲泡即可饮用，无需任何等待。

2. 零食化设计

　　从"食"的角度进行食物创意，药效在自然而然的饮食过程中得以融入。对于消费者来讲，药食同源产品之所以接受度比较高，除了采取药膳形式外，零食化理念也较多地影响了药食同源产品开发的方向：一是味道开发是回避药物的取向，二是进食方式更生活化的取向，三是更加接近饮食形态的刚需取向，四是尽可能更便利和富有享受的趣味。

　　以芝麻丸为例，"胡庆余堂""老金磨方""五谷磨房""燕之坊"等品牌推出的芝麻丸产品都与零食有着基本一致的产品定位。独立包装、易撕即食、方便携带、多场景食用。然后再利用瓶装、袋装、盒装、礼盒装等外包装形式实现不同价格区间的设定（表3-2）。各种芝麻丸，经过设计后，药丸的形象明显减弱，更加趋近于日常零食。

表3-2　芝麻丸食品举例

品牌	胡庆余堂	老金磨方	五谷磨房	燕之坊
食品图例				
价格参考	26元/100g	45元/270g	47元/108g	79元/324g

　　除了传统方剂制成的药食同源产品零食化外，还有一些含有现代医学视角下的营养成分或药效成分的食品也越发多地采取了同样的开发思路。如含有叶黄素的软糖也在各个销售渠道受到众多年龄层消费者的追捧。叶黄素（lutein），别名植物黄体素，是脂溶性维生素的一种，它吸收光谱中的近蓝紫光，能够帮助眼睛的视网膜抵御紫外线。对于眼睛来说，叶黄素是一种重要的抗氧化剂。人体补充叶黄素，有助于保护视力，减少视觉伤害。因此，近年来众多品牌纷纷推出了各种添加了叶黄素的软糖。而且还有诸多专门面向儿童的叶黄素软糖（图3-6），无论是外包装还是软糖糖体的设计都采用了可爱的视觉风格，贴近小朋友的审美偏好。

ZUBR软糖　　　　　　蓝光盾软糖　　　　　　北京同仁堂软糖

图3-6　不同品牌含有叶黄素的软糖

　　零食化的产品属于取悦型产品，产品的持续性往往偏弱，一方面对传统的滋补品品类产生一定的冲击；另一方面产品自身的复购率也不高，需要源源不断的新流量导入渠道。一些不规范的电商渠道夸大药物成分与治疗效果，会让用户对药食同源理念产生一定的信任危机。这些都是药食同源食品背后隐藏的危机，也是食物设计介入药食同源需要正视的挑战。

3. 换形化设计

随着人们生活形态不断丰富，和食品工业、医药工业的现代化、科技化发展，药食同源不再拘泥于传统，除了前述食疗的各种食物方剂外，涌现出了现代意义的食品形制，诸如糖果、巧克力、罐头、点心、饼干、饮品、冻干等，形态异常丰富。玫瑰花就是典型的例子，从重瓣玫瑰被广泛用作养生茶原料，再到各种深加工的糕饼、花露，早已经脱离了方剂的范畴。再将玫瑰花与其他方剂结合，又可进一步拓展其销售市场。

再譬如，传统食疗方中常见的粥类食品，在现代化食品工业加持下，已经开发出了速食粥块的固体块状、代餐粉的粉状、免煮冲泡桶装速食的固体颗粒状，以及开盖即食的罐头或碗装的流质状等形态。这些性状和形状丰富的药食同源产品，不同消费层次、不同用户偏好、不同消费场景、不同食疗功能等需求都可以得到相应的满足。

4. 细分化设计

跟随现代生活节奏的加快与都市生活方式的改变，食疗功效在传统方剂的基础上与现代制药工业结合，形成了进一步细分。随着市场的拓展和用户黏性的增加，还出现了许多颇具潜质的发展方向，诸如助眠、防脱发、护肝、降脂等。例如养肝、护肝市场高速发展，产品多为片剂或胶囊，许多养肝、护肝产品含有奶蓟草成分。当前市场中葛根、黄芪、当归等药食同源原料的成分虽然比例较低，但其市场增速远高于整体市场，已有更多的养肝、护肝产品融入药食同源原料。

国内护肝、养肝市场虽处于高增长状态，但保健食品进入门槛较高，护肝茶同质化严重。韩国则利用药食同源原料姜黄、蜂蜜、枳椇子等开发出解酒产品，从"护肝"再进一步细分衍化到"解酒"的概念切入市场竞争赛道。"解酒"这一概念显然在古代社会并不是一个显性的庞大需求，是随着当今都市生活中众多商务接待和应酬交际发展出来的一种用户需求。日韩一些品牌的做法值得国内借鉴：从最普通的食品品类入手，添加一定食疗功效的成分或原料，推出了主打"解酒"概念的糖果、饮料、点心等，通过产品营销推广进行药食同源的市场开拓，抓住细分赛道的用户需求。

第二节 食品包装

一、促进饮食的目的

从食物设计的视角来讲，一方面食品包装属于外延的设计部分，另一方面食品包装应该是以食物本身为核心进行设计，这一点，应该旗帜鲜明地区别于包装设计。包装应该服务于食物的创新，而不应该过度关注包装的美观性。或者这样说，食物的创新需要改变包装来响应这种创新。一般商业层面的食物创新往往以用户体验为核心，因此，从食品包装角度切入食物设计应为用户的进食等提供卫生性、便利性、便携性，促进其饮食消费。概括地说，就是要促进饮食，从商业层面来讲就是促进消费，从个人层面来讲可以是使之适口，从健康层面来讲则是卫生营养，从文化层面来讲是享乐沉浸。总的说来，回归设计的出发点，食物设计视域下包装创新的本质是食物创新，包装只是一种响应它的外在表象。

1. 商业角度

从提供便利，可高效进食的角度出发，对食物固有的天然面貌进行改良，使之与大众生活和消费体验形成紧密关联。以茶叶为例，传统的销售以散装、礼盒装（罐装）为主要包装形式。立顿进入中国拉开了袋泡茶的序幕，为大众普及了高效泡茶的茶饮方式。1992年，英国品牌"立顿"进入中国市场，用方便快捷的小茶包打破国人对传统泡茶与喝茶方式的认知，让大家体会到不需经历繁琐泡茶步骤也能喝上一杯茶的方便感，成功进入消费者的视野。

从茶的整个产业链条上看，目前我国茶行业主要包括现制茶饮、即饮茶、茶叶、袋泡茶及茶粉五大类。截至2021年，中国茶叶消费群体规模为4.9亿人，其中，袋泡茶的形式不乏消费者喜爱。随着新消费概念的形成，消费者的需求越来越多，曾经的袋泡茶王者"立顿"被中国年轻消费者逐渐淡忘。而袋泡茶的市场所对应的饮茶需求却依然存在，把握住这一片市场空间，众多国内新兴品牌迅速崛起，并且为中国消费者带来了饮茶的创新。

"小罐茶"品牌于2016年横空出世，凭借着独特的产品创新和小巧的包装设计，让很多消费者都记住了"小罐茶、大师作"。小罐茶的包装一方面是基于其"高端茶"的品类定位进行设计，另一方面在包装上想尽办法满足人们泡茶的需求。每一罐装4克茶叶，顾客在拿到产品以后，一个小罐就是一泡茶，解决了泡茶茶叶计量的痛点。此外，为了形成爆品包装设计，结合营销宣传，抓住包装的撕膜大做文章（图3-7）。其公开的宣传资料显示，"小罐茶"品牌对撕膜这个产品细节有着极致的体验追求，所谓的"首席撕膜官"进行了近三万张撕膜实验，只为达到最舒适的撕拉体验，最后"小罐茶"将其包装铝罐撕膜需要的力度确

图3-7 "小罐茶"创新铝罐设计

定为每一撕约18牛顿的力量。在这个案例中，每一小罐4克茶叶，是固定的、固态的原叶茶。包装是为了配合满足泡茶需求，在便捷的同时，还必须赋予高档的价值感。这的确是一个经典且成功的商业案例。

　　再来看看其他关于茶及其包装的创新。品牌"TNO"改进了大众所熟悉的"袋泡茶"这一形式，颠覆了人们对"立顿"品牌固化的袋泡茶的包装认知，创新性地提出了"棒棒茶"的概念——将2.5克茶叶设计为搅拌棒的形式（图3-8）。一方面在原叶的茶叶中加入了果干；另一方面将咖啡搅拌的下意识动作巧妙地引入包装设计创新，与果茶茶饮定位巧妙契合。"棒棒茶"的包装使用了一种"立式"的方式，让茶叶冲泡萃取更加充分。更重要的是，棒棒茶开创了一种新的冲饮消费体验。

图3-8　"TNO"棒棒茶的搅拌式设计

品牌"入续"则采用了速溶茶粉的茶饮设计方案，提出了"超溶盖碗茶"的概念。如图3-9所示，将茶叶萃取后通过冻干形成茶粉，从而达到快速溶解形成一杯茶的目的。其包装使用食品级PP材质设计为盖碗茶造型。盖碗茶可以上下叠加并能扣合，从而易于存储运输和消费者携带。盖碗茶的形式与茶饮具有非常好的消费契合逻辑，类似于"三顿半"品牌将其速溶咖啡的包装设计为咖啡杯的造型。除了该品牌外，还有其他品牌针对速溶的冷萃茶粉采用了不同的包装形式。如图3-10所示，品牌"柒日原叶"提出的"小冲茶"概念，其包装使用了超迷你奶茶杯的造型和茶叶罐子的造型。

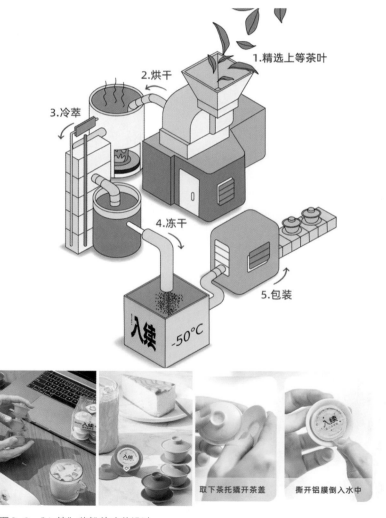

图3-9 "入续"茶粉盖碗茶设计

图3-10 "柒日原叶"奶茶杯、茶叶罐造型的冻干茶粉包装

　　同样是运用茶粉速溶，"伊利"推出的"伊刻活泉"品牌将"现泡茶"的概念运用到了瓶装饮料上。将茶粉存于瓶盖上，拧开瓶盖释放冻干茶粉至瓶身里的饮用矿泉水中，再摇一摇后即刻"泡出"一瓶原味茶饮（图3-11）。这样的茶饮包装方案，呼应"现泡茶"营销点——新鲜就要现泡，将瓶装茶饮料与传统的泡茶过程形成关联性设计逻辑。

　　上述这些关于茶饮的包装，其出发点与传统茶叶包装追求美观、档

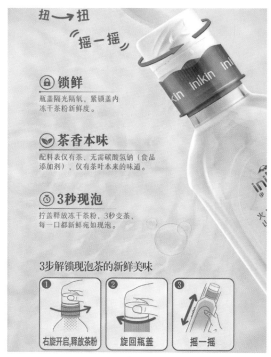

图3-11 "伊刻活泉"存放冻干茶粉的瓶盖设计

次等诉求有着明显的差异性。它们比较明显的创新都直接与茶的饮用过程有着直接的、紧密的关系。从泡茶的茶叶衍生出的原叶、茶粉、茶颗粒等形态，都有着相应的商业定位与用户需求洞察，以及对茶的饮用过程的创新。包装是为了更好地实现这种关乎食品（饮品）的创新。

2. 个体角度

食品包装设计应充分考虑该食品的用户群体，尤其涉及低龄儿童、高龄老年人、病患人士、残障人士等群体。针对该群体，从方便进食的角度对食品包装进行再创新。例如婴幼儿辅食，根据不同性状，辅食可分为液体食物、泥糊状食物和固体食物三大类。液体食物主要指果汁、菜汁等液体的食物。泥糊状食物可分为两大类：一是工业化泥糊状食物，包括米粉和瓶装袋装泥糊状食物，二是家庭制作的泥糊状食物，如煮得软烂的米饭、面条。固体食物：指比泥糊状食物更成形，但比成人固体食物更为细软的食物，以及切成小块的水果、蔬菜等固体食物。图3-12中品牌"babypantry/光合星球"针对婴儿喂食的需要，设计了可以替换果泥勺的包装。监护人可直接将果泥挤到勺中喂给宝宝，更加方便、更加卫生也不造

图3-12 "babypantry"可更换勺的儿童辅食包装

成浪费。相对来讲，目前市面上关于儿童的食品包装创新远远多于老年人，尤其是高龄人群的食品包装还需要更加关注，以满足高龄人群的进食需求，针对其技能退化等问题展开更多的设计创新。

目前市面上针对残障人士的食物创新依然很少，需要设计界加大关注。图3-13是一款专门针对盲人食用的饼干，目前有可可、抹茶、草

图3-13 针对视障人群的"盲人饼干"

莓、山楂四种口味，采用盲文刻印系统、语音播报系统、造型口感系统，让盲人可通过听觉和触觉获取产品信息，打造了富有"人情味"的盲人速食代餐饼干。其中盲文刻印系统是在外包装上，印有产品的盲文名称"轻享盲人饼干"，以及生产日期、保质期。方便盲人通过触摸轻松得到产品的必要信息。同时利用模具，在饼干上印有代表饼干口味的盲文，便于他们在品尝每块饼干之前都能了解对应的口味。

3. 健康角度

从促进饮食的健康角度切入食品包装设计多是从卫生出发改进包装。尤其对于一些传统食品来讲，往往还需要突破传统包装的固有思维，打破包装品类的桎梏，将用户的进食便捷需求和饮食卫生需求结合来进行商业洞察，挖掘食品创新创意点以及商业转化机会点。所谓的"新消费"其中一个方向是对日常生活容易忽略的消费需求进行发掘和转化，或对平时习以为常的但并不符合时代发展的消费方式进行改变，产生新方法、新产品、新品类，甚至新赛道和新产业。

如图3-14所示，品牌"必洽"创新了腐乳食品的包装形式，与瓶装腐乳包装完全不同。腐乳又称豆腐乳，是中国传统民间美食，一种传统的发酵食品。《本草纲目拾遗》中记述"豆腐又名菽乳，以豆腐腌过酒糟或酱制者，味咸甘心"。腐乳距今已经有了一千多年的历史了，是我国特有的传统美食，因其蛋白质含量较高，易消化吸收，被誉为"东方奶酪"。随着我国人民生活水平的提高和国民经济的发展，人们对腐乳的质量要求越来越高。腐乳正在向低盐化、营养化、方便化、系列化等精加工方面发展。品牌"必洽"升级了这一传统美食，其腐乳食品本

图3-14 "必洽"独立包装的腐乳

身追求有机发酵工艺和低盐，将每一块进行独立包装，使用易撕膜，一撕即食。不再像常见的瓶装多块腐乳，若多人用筷子撬食既不卫生又不方便。小方罐易撕膜真空包装，让腐乳食品的包装创新真正符合当下人们的生活需要，也吸引了更多传统美食消费者。

该品牌是一个缩影，它展现出我国诸多食品制造商对传统美食的提升和改良，体现了食物设计与时俱进的特点。

4. 文化角度

基于促进饮食的目的来突显食品包装的文化内涵，可以将包装外观、包装材料作为两大基石。值得一提的是，从该视角切入包装设计，并不是追求包装的豪华高档，也不是一味地追求视觉效果的与众不同或印象深刻，而应该符合食品品牌定位，便于拿取、食用与保存。

（1）选择生态材料

原生态材料本身也具有文化属性，与当地的物产、地貌、气候，以及食物获取的方式等具有高度关联性。图3-15中的虾酱包装不同于纯工业化生产的包装。用生态材料制作的虾篓，其柔软性可以为产品增添

图3-15　虾酱包装

一种柔性的、生态健康的感觉，营造一种孩提时代下河摸虾的喜悦，回归自然的简单，成为一个温暖的包装。与同类型产品相比，该包装更有情怀，让人联想到食物获取的过程。

（2）强调食品外观

外观中蕴含的文化属性以食物本身为中心，不宜喧宾夺主，不过度依赖纹饰的繁复、插画的精美或印刷工艺的华贵。目前市面上的月饼、粽子等食品的包装越发华贵，一方面造成了巨大的包装浪费；另一方面食品消费被包装消费取代背离了食品包装设计的初心，更是与食品创新的根本渐行渐远。对于农产品来讲，随着消费者健康意识的不断增强，流行的"去工业化"包装风格更能体现产品的品质、自然及营养特点。如图3-16中的品牌"北纬47°"以"鲜食玉米"的食品概念切入市场，该包装以纸浆制造，拥有天然的色彩和质地，突显出玉米的造型，传递出一种原生力量和营养质感。

图3-16 "北纬47°"的玉米包装（暖光设计）

二、契合场景的需求

1. 进食场景

食品包装的便利性不仅仅体现在便携、拿取和存放等环节，也要注重食用过程的方便和适口。个别佐餐类的食品还需要考虑与其他食品的搭配进食关系，可能该食品并不适合直接入口，需与面包、面条等进行配合调味。如图3-17的蜂蜜包装，该包装被设计为类似牙膏管或颜料管的形式，被方便挤出的条状蜂蜜可轻松涂抹在吐司或三明治上。而三角形的盒体又可以组合成类似蜂巢的形状，呼应产品属性，是一种盒体

图3-17　"meia-dúzia"蜂蜜包装

创新设计。

　　以往用蜂蜜佐餐时，通常需要用蜂蜜棒或勺子舀出蜂蜜再涂抹面包，而管状包装则可以直接挤出涂抹，也比较好控制量，无需再使用其他餐具辅助。因此，先有对蜂蜜食用过程痛点的洞察，再对蜂蜜产品进行食品的创意设计，进而采用合适的包装方案来实现这种创意。该包装的创新点是巧妙满足了蜂蜜涂抹与浇淋其他食物进行佐餐的需求。故而围绕"进食"痛点，可以挖掘出更多的可能性。

2. 消费场景

　　包装设计同样需与时俱进，要充分与当下人们的生活形态、消费习惯结合。目前预制菜产业蓬勃发展，对于消费者个人来讲，与都市人工作节奏加快、高效烹饪需求等息息相关。各种包装工业的发展同样也进一步促进了预制菜的普及。开水烫一烫料包，就成为鲜美的蟹黄浇头，面条下锅一煮然后一浇就是一道美味蟹黄面。将加热包放入冷水，等待几分钟，一碗"硬菜"佛跳墙即可上桌。诸如此类的食物设计，大大降低了鲜食类食物的烹饪门槛，也大幅度提升了制作效率。

此外随着外卖迅速发展，大量年轻人减少了自己下厨的频次，比较依赖于点外卖来满足自己的餐食需求。虽然说高频次外卖算不得健康的生活方式，但食品包装必须满足这种外卖消费场景的需要，要在一定程度上思考能否对包装进行设计，以更加契合所售卖的食物。例如图3-18所示，专门针对包子外带与外卖消费的包装，既通过盒体凹凸结构扣合形成叠加方便外带，又在形式上实现了对蒸笼的模拟，非常契合包子的特点，再者盒内层设计有塑料格，可以防止灌汤包汁水的外漏。此外还配有佐餐包子的调料小盒。从这个案例可以看到，不仅仅通过包装较好地促进外卖消费，而且又通过与其他外卖不同的包装形式，出色地展现了包子餐饮专门店的品牌调性。包子虽小，绝不敷衍外带消费者，让外带的包子也非常"专业"，让吃包子也是一件专业的事情。包装是否不将就、不敷衍，采用适合于垂直餐饮的包装形式，体现了餐饮从业者的用心，是洞察食物消费需求的体现。

除了外卖和网购消费需要充分考虑包装在外带、运输过程中的便捷性外，还有其他消费场景也有类似的需求，诸如露营、野炊、观光旅游、自驾游等，都可以进行与之契合的食品包装创新。归根到底，食

图3-18 "出笼记"包子外带包装

品包装还是为了消费食品（含生鲜食品与现制食物）。

3. 使用场景

所谓的食物"使用场景"，包括对食物的处理、烹饪、调制、储存等方面。最典型的例子，越来越多的食品包装袋采用食品级的自封袋，而自封袋是一种压合可自动封口的包装袋，常见有密实袋、龙骨袋、拉链袋等。使用自封袋包装的食品，可以不用再通过其他夹子来防潮、防串味。

图3-19 意大利面包装

如图3-19的意大利面包装，为了让煮面的用户高效地倒出"一人份"的意大利面，包装盒在存储面条的基础上划分为6个格子，通过一个格倒出来的面条就差不多是一人的量，这个包装盒使用起来既高效又兼顾了西式烹饪对计量的需要。

藏红花在意大利因其价值和精细的生产工艺而成为珍贵的烹饪香料。设计机构Brandlore为Giulio Garzisi品牌生产的藏红花设计了包装（图3-20）。精心制作的包装以一种非常优雅的方式展开，宛如盛开的花朵。藏红花茎保存在一个夹在用山毛榉木制成的木臼和杵之间的玻璃罐中。玻璃罐盖加了一个球体，放在瓶子里保持清洁，再加上臼形的底部，做成了一个漂亮的小破碎研磨机。盒子内部还配有一把特制的镊子来镊取。整个包装不仅仅充满了仪式感，也充分地考虑到对藏红花的保

图3-20 "Giulio Garzisi"藏红花包装

存、抓取、臼捣、磨碎等使用需求。

上述两个案例比较典型地诠释了包装对食物使用场景的考虑，对使用的加持也成就了包装设计的创新特色点，使之不同于单纯追求"好看""高档"的包装追求，体现了更加尊重食物这一核心。

4. 共情场景

包装设计的内在核心是促成产品与用户之间的信息交流与情感沟通。在消费升级的大背景下，仅仅是给出消费产品的理由（诸如有机、加量、无添加等）还远远不够，在激烈的商品竞争中依然难以脱颖而出。好的食品包装要重视对消费者心智的影响，要么重塑消费者对产品足够深刻的认知，如文化认知、功能认知；要么重构情感共鸣通道，抓取产品所能赋予的情绪价值。值得一提的是，传统的品牌影响力正在慢慢消解。任何品牌试图用高高在上的姿态"教育"消费者去消费几乎是行不通了，甚至会被这种傲慢立场反噬。行得通的方式应是真正尊重消费者，从"我者"的角度去理解他们的价值观，了解他们的痛点与兴奋点，使自己与之共情。然后把这些机会场景转化到包装要素上，形成情感沟通的触点，进而再达成情感共鸣。这种共情场景或许是一句谐音表达，或者是一种图形表达。消费逻辑并不复杂，"打动了我"于是就去消费。

图3-21是针对年轻人群设计的鸡蛋包装，以谐音的方式创设了一

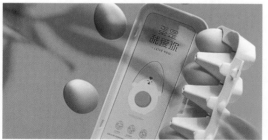

图3-21 "蛋是我爱你"鸡蛋包装

个具有情感的名字"蛋是我爱你"，这是最大的共情触点。然后再辅以可爱的品牌形象、简单温馨的版式、有触感质感的包装材质，组合成一套能打动年轻消费者内心的包装方案。

当然，并非说包装视觉、结构等不重要，而是应立足食物包装的创新。建立食物与食用者之间的情感通道相对于追求华丽纹饰的包装来说要难，容易忽略消费者情感层面的需求。

三、彰显性状的特点

借用生物学术语"性状"来概括食物相关的特征。性状是对生物体的形态结构、生理生化特征和行为方式等的统称。任何生物都有许许多多性状，有的是形态特征（如豌豆种子的颜色形状），有的是生理特征（如人的AB血型、植物的抗病性、耐寒性），有的是行为方式（如狗的攻击性和服从性）等。而食物包装设计所涉及的食物（食料、食材和食品）的性状有形状特征、颜色特征、肌理特征、味道特征、口感特征、食疗作用等。

1. 直观食物模样

以食物的形状与肌理等作为包装视觉的核心，可以使食物外包装具有高识别性，令人印象深刻。日本著名设计师深泽直人设计的这款果汁包装，包装盒模拟猕猴桃、草莓等的肌理，直接使用了水果本身的性状

图3-22　深泽直人设计的果汁包装

特点（图3-22）。盒子的外型就是果皮，采用了仿真直观的呈现方法，在看到它时，视觉的刺激会唤醒你的多重感官记忆，仿佛已经触摸并品尝到最真实的水果味道。

2. 隐喻食物属性

通过包装特点来呼应食物的某些属性，形成特征隐喻。修辞隐喻是在彼类事物的暗示之下感知、体验、想象、理解、谈论此类事物的心理行为、语言行为和文化行为。移用到设计语言中，就是要抓取彼此事物之间的潜在特征关联。如图3-23所示是一款生鲜萝卜的包装，使用一个带有渐变胭脂红色彩的普通透明塑料袋，就令人轻易地捕捉到这种萝卜的独特性。该包装把萝卜的鲜美、食品属性表达得淋漓尽致。图3-24的辣椒酱包装，将管状盖子设计为辣椒把的样子，使用时像在摘

图3-23　日本的生鲜萝卜包装设计

图3-24 辣椒酱包装

真正的辣椒。鲜明的颜色和覆盖整个管体的辣椒图形都暗示着辣椒酱的刺激味道。

3. 显露相映成趣

传统思路的包装设计往往习惯于将产品隐藏或包裹起来，但食物设计引导下的包装，要尽可能地发挥出食物在包装创意上的建设性。通过巧妙设计将产品显现出来，让消费者更好地识别食品，从而更快地抉择判断。可以将露出的食物与包装的形状、图案结合，形成幽默创意，在包装上创建一种有趣味意义的产品展示方式，让消费者停留并注意到。例如图3-25，面条的形状与外盒人形图案的发须结合，熊口中露出的食物令人感觉它要狼吞虎咽，谷物的颜色与褪裼婴儿的肤色结合，露出来的海鲜干与食材图案组合成完整图形。露出的食物一方面形成幽默诙谐的视觉表达，另一方面通过露现方法表现了食物的性状，诸如形状、颜色、质地等。食物与包装图形相映成趣，不仅不突兀生硬，反而成为呼应食品特征的视觉搭配组合，促使食物本身成为"视觉锤"，也是"主角"的存在。

图3-25 显露产品的食品包装形式

第三节 美食媒介

一、新媒体美食体验

食物设计除了关系到食物的整体研究，也是媒体宣传的重要主题之一。进入新媒体时代后，移动互联网赋予了美食体验以更宽广的空间和更丰富的形式。媒介视域下的食物设计通过新媒体使得消费者在味觉、嗅觉和视觉等完全不同的官能通道获得多元的甚至是无缝融合的综合体验。媒介视觉体验层面的食物设计扮演了一般消费者难以觉察的潜在的触发性和引导性作用。当前美食主题的新媒体应用主要集中在营销推广、平台模式、界面设计等几个方面。由于互联网行业对"用户体验"的推崇，"美食体验"这一垂直化的提法开始出现。而"美食体验"与多媒体在设计领域中的融合发展最常见于空间设计、展陈设计。譬如O2O模式下的美食体验空间研究、美食体验的多虚拟等，由此可见美食体验较多集中于新媒体媒介手段的应用。而美食主题化的新媒体，将新媒体本身视作食物设计的外延范畴之一。视觉体验的重要性并没有在全媒体时代得到削弱，相反将食物设计范畴进行了更广的扩展，并极大地促进了视觉体验在多通道设计上扮演的桥梁或节点角色。

1. 色彩特质

自从iOS7（苹果公司的移动端操作系统）舍弃了边界开始，媒介信息交互愈发突显了扁平化中色彩的重要性。基于图形或者图标以及主题颜色来达到对信息的控制和交互的体验，同时无形之中在用户的大脑中形成了一种"色彩记忆"。这种"色彩记忆"可以从交互功能性向应用的属性特质化演变。一方面是由色彩本身的特性所决定的，另一方面是因为消费者官能经验的固化。传统的色彩在食物设计中依然可以广泛地使用。色彩的美感来自人与色彩交互过程中无障碍的沟通、生活经验的嵌入、色彩与环境的关系及经验人化的创造和保留等。但也可以移用其他领域的经验而赋予色彩新媒体语义。

人们对美食类型的判断，主要还是来自传统的色彩含义（表3-3）。譬如红色能让人感受到热和辣，从而联想到火锅以及红肉一类的食物。淡紫色和粉色让人感受到甜，这种色彩则更适合用于甜品的设计表达，譬如布丁类食品包装经常用到这类色调。绿色能让人感受到夏天的清凉，大量的雪糕、冰沙偏好用绿色。青色配合某些元素的使用，能表达出酸涩的感受。

值得一提的是，色彩在Banner（广告图块）的设计运用中并非如此固定，其背景色的选择呈现出较多区别于常规美食摄影配色偏好的特点。诸如暗色调的运用、降低明度等方式，这些与新媒体平台的品牌差异性识别诉求相关。在视觉吸引方面，高明度色彩的产品依然具有相对较高的关注度。产品性质的判断更不会因为某些差异化而出现颠覆或反转。

表3-3　色彩运用与味道的关系

色彩	味觉	温度	代表食物
	辣	热	红肉｜火锅
	回甘	凉｜冰	冷饮｜水果
	酸涩	凉	薄荷｜酸汤
	甜	温热	甜品｜布丁

2. 美食细节

笔者曾对美食主题App的Banner设计展开过眼动仪视觉测试，发现了视觉读取美食媒介的一些有趣现象。在多组测试中发现被试者非常容易被图像中食物以外的某些关联细节吸引，诸如飘渺的烟雾、往下滴的水滴等细节。如图3-26中红色的焦点分布区域。在测试实验之后的访谈中谈及此有趣的现象，被试者认为具有这些细节表现的美食主题媒介设计容易唤起自己的想象力，譬如升起的蒸汽烟雾被认为是飘散的香味，似乎能让人通过手机屏幕感受到食物的温热和散发出的独特味道；凝固在画面中滴落的水，让人联想到食物的新鲜和健康。

在这些案例中，食物设计再次在媒介载体上运用了"通感"手法，将视觉作为一种桥梁，借助消费者的生活经验，串联嗅觉、味觉等不同

图3-26　Banner设计中呈现的美食细节（眼动测试输出热点图）

的官能感受。而新媒体技术还可以使之动态化呈现，诸如微动效的使用。而动效增强图像的真实感，强化沉浸体验，从而更易引发人们的情绪感悟和文化共鸣。由此可见，美食媒介应当重视对美食细节的呈现，既有宏观的角度，又需从微观切入。或许是静态的几粒花椒、几颗八角、几段桂皮，或许是动态的红油流淌滴下、热腾腾的蒸汽上蹿、胡椒粉均匀散下、辣椒粉肆意挥洒……诸如此类的种种细节，有的时候比美食主体物更加吸引人。

我们暂且先把这个有趣的发现称为"热气效应"。食物散发出来的"热气"代表了饮食及其烹饪的若干细节。细节绝对不是意味着"细枝末节"，它往往是食物属性的表征，诸如冷热、软硬、味型、滑涩……而这些以热气为代表的食物细节与观者的味觉经验形成了较为强烈的固定映射关系，从而挖掘出观者脑海深处的官能感知联想。事实上，这种关系早已被美食摄影师所洞察，并被广泛地运用。对于新媒体设计而言，新媒体美食体验设计可以对此多加借鉴。

3. 场景代入

在上述的眼动测试实验中，还发现了另一个比较有意思的现象：美食Banner图片若立足于"我"的视角，呈现出一定的场景感，收获的关注并不会明显逊色于以食物为中心的视觉设计。

如图3-27所示，对眼动测试输出的美食内容图片热点图（a）与（b）进行比较可以看到，图3-27（b）中作为食品背景的漂亮花草分散了消费者的注意力。图3-27（a）的热点基本全部都集中于餐具或食器中的食物本身。从App软件置入图片内容的目的来看，图3-27（a）比图3-27（b）的设计更为成功。经过访谈也再次确认，更多的被测者认为图3-27（a）比图3-27（b）更具有吸引力。同一App中被精心设计过的两幅图像，图中的美食都经过了精美的摆盘设计，却有了比较明显的效果差异。探究其原因，可以大胆地假设，一方面被测者认为之所以图3-27（a）比图3-27（b）的视觉感受更好，是因为俯视的拍摄角度更有就餐的场景感，因此具有了代入感；另一方面，用户认为在Banner里图3-27（a）采用的纯黑色背景似乎显得"更高级"一些，同时也为多个食物摆放营造了规整感。

正如测试实验中反映出的场景感在美食展示中的重要性，美食广告的设计需要将视觉形象构建于消费者"我"所能直观联想的场景之中。狭义的食物设计比较孤立地看待美食本身，例如重视摆盘的规整感，营造仪式化的场景。而新媒体载体的食物设计则需善于与"掌上生活"的生活方式结合，在情感上与有社交需求的用户相触相融。实验中图3-27（a）的被试者心理接受度普遍好于图3-27（b）就是典型的例子。当今移动互联网追求的用户体验反映到食物广告的设计上，就是设计应该挖掘美食背后的情感诉求。单纯地只展示美食或食材本身，已经不符合消费升级后的消费者需求。抛弃生硬的场景构建，生活场景化的食物设计在新媒体平台中的运用，是美食平台唤起用户美食记忆和视觉关注时需要运用的技巧。

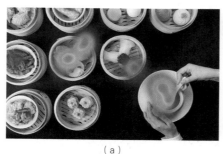 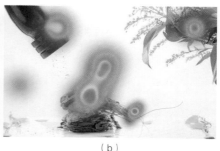

（a）　　　　　　　　　　　　　　　　　（b）

图3-27　App软件里的美食内容图片

4. 文字信息

眼动测试实验发现，美食主题图片中文字信息的关注度非常容易受到该图片的背景色面积、图文对比度、图文版式和文字完整度等的影响。如图3-28中所示，两幅图均是不同美食App里的Banner图片，图3-28（b）的文字信息关注度优于图3-28（a）。约有70%的受访者表示，既能迅速地看清楚图3-28（b）中的文字信息，又能感觉到比较简单的图与文的视线逻辑并且能轻松找到"可以浏览的地方"。而图3-28（a）的视觉感受则相对比较凌乱，被试者大多觉得"自己的视线不知该停留在什么地方"，热点图也反映出被试者的关注点明显比图3-28（b）分散许多。在该测试实验里，还有约30%的用户甚至都没有留意到图3-28（a）中的文字信息，不能理解或错误理解了该图像的具体含义。由此可见，对新媒体应用来讲，美食的视觉设计还不能仅仅聚焦于食物本身，文字信息也是设计的对象，也同样是美食主题广告的重要承载体，这两者往往形成紧密的搭配关系，可以互相促进引导视觉。

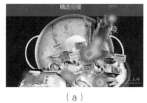

（a）　　　　　　　　　　　　　　　（b）

图3-28　美食图片中对文字信息的运用

二、美食信息视觉锤

人们经常说"色香味形"，"色"这一视觉元素甚至放在了"香味"之前。视觉要素在美食广告设计里具有不可撼动的地位。毕竟，不同于真实的食物，主体对象的感知与触点都无法脱离视觉而独立存在。在美食广告设计过程中，要想让受众有深刻的印象，美食信息的设计比美食图案要难上许多。本书借用品牌营销定位理论中的"视觉锤"概念来探讨构建美食信息的方式和方法。

自从定位理论传播至国内，尤其是定位理论的视觉营销分支——视觉锤，被愈发多地运用并得到认可。"视觉锤"的概念源于定位理论，视觉锤可以说是视觉化的定位。视觉锤即利用视觉把品牌的概念植入消费者的心智，从而在消费者心中占据一定的位置，形成自己的定位。运用品牌视觉锤的方法，可以打造出符合品牌定位和目标受众的广告，增强品牌的识别度和影响力。运用视觉锤概念对美食信息进行重构，梳理、突出重要的美食信息，避免食物图像过度占据视觉中心而使人忽略了其他信息。也就是说，品牌视觉锤不一定是品牌logo，美食广告设计的视觉锤也不一定就是食物图像。

除了上述的"视觉锤"，品牌构建理论还需要"钉子"。那"钉子"是什么？"钉子"就是品牌的终极目标。"锤子"的最终目的是将"钉子"钉进人的心智中。对于品牌来说"定位"就是"钉子"，对产品也是如此。将"钉子"钉入人心智的方法与把一颗现实的钉子锤入木头里是一样的道理。在一个信息爆炸的时代，消费者很少会记住定位口号。无论语言组织得多么巧妙，或定位概念在研究阶段的焦点小组测试中得到多么好的反馈，如果消费者没有记住口号，广告价值几乎归零。往往只有极少的文字口号能被消费者记住，其视觉语言相对容易许多。所以，无论是传统广告还是各种新媒体广告都充斥着各类视觉图像。

那么美食信息除了要呈现食物内容外，还有其他诸多信息在不同定位或不同作用的广告中有效地传达给受众，诸如烹饪方式、保质日期、存储方式、价格数量等。此外，更广义的内容信息还包括基于食物和美食的餐饮菜单、美食海报、促销信息等。可以把这些笼统地用"美食信息"来概括。毫无疑问，这些都属于食物设计在当下全媒体传播时代背景下的设计外延拓展。美食广告设计均以食物内容为基石，服务于相关信息的传达与传播，使之更高效地引起情感共鸣。

三、美食菜谱与海报设计

1. 美食菜谱

如何让菜谱和菜单经过创意设计后变得与众不同，不再像使用大量文字的传统菜谱。如图3-29所示，将菜肴所用的食材采用爆炸图一般的分布方式排列，只使用视觉图像交代清楚菜品的食材组成。没有任何一个文字，简明扼要。版式排列非常清爽，给人以整齐有序的感觉。而图3-30的无文字创意菜谱则使人有一种迥异的视觉感受，与图3-29不同的是，该图像重点对香料、调味汁等进行了表现，带给人的观感更洒脱，情感浓烈。这一组创意菜谱的视觉语言使用了前述提及的"热气效应"——飞洒的调料粉末或汁水吸引了受众非常多的注意力，更能调动观者的通感联想，从而形成强烈的风味感。图3-29的菜谱信息呈

 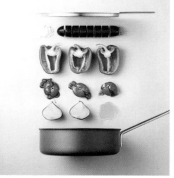 

图3-29　创意菜谱营造秩序感

现具有冷静、客观的观感；而图3-30的菜谱信息则有炽烈、洒脱的观感。传统的图文式的菜谱，重新对视觉元素和文字信息进行界面设计，使用更加接近信息界面的图文逻辑，将食物图像用UI元素来重新表现，收获截然不同的菜谱界面视效（图3-31）。

有创意的菜单可脱离纸质或屏幕等载体，将真实的食材与图文信息进行整合展示，成为更加生动鲜活的菜单。图3-32的菜单创意设计，直观地展示出菜品的配料或搭配关系。将食物本身视作视觉要素之一，对真实食材原料的布置也遵循了色彩归纳与版式设计的基本规律。无论是纸品上的文字和图案，还是实体的食物食材，都需要纳入媒介视域进行信息流构建，服务于高效点单的需要。

早在2011年，宜家（IKEA）就推出过一本如同平面构成教程的烘

图3-30　创意菜谱营造风味感

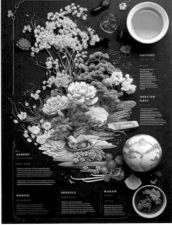

图3-31　创意中餐厅菜谱

图3-32 创意菜单架设计

焙食谱书 Hembakat är Bäst（英文是 Homemade is Best，中文意思是
"自家制最美味"），堪称惊艳。此书与无趣又繁琐的传统食谱书完全不
一样，比较突出的创新点在于将菜品制作的每一步、烹饪流程全都融入
版式里，形成视觉信息流，并且可与真实世界的操作进行交互。

若搞不清楚两茶匙盐、一盎司油是什么，不用担心，宜家别出心裁
地将食材表统统图形化，烹饪的配料和食材分量以可视化的方式印在一
张烤盘纸上，需要放多少，看一眼便知（图3-33）。不必担心油墨会不
安全，图案全部使用食用油墨制成。消费者只需要按部就班地做到以下
几步：第一步，在宜家生鲜部购买好食材（连说明书上的图形尺寸都是
按照食材的大小来严格设计的）；第二步，在圈圈框框里填入适量的配
料，卷起放入烤箱；第三步，只需几分钟的时间就可以轻松"组装"出

图3-33 宜家的创意菜谱设计"香草佐柠檬烤鲑鱼"

一份美味菜肴。简直是懒人和烹饪新手的福音！

再如烹饪这道瑞典肉丸意大利肉酱水饺（图3-34），有了这份创意菜谱，仅仅只需操作者完全按照菜谱不假思索地操作即可。1/8茶匙的盐是放多少，蒜蓉又该放多少，番茄酱的量是多少？菜谱图中都有注明，只需要将盐粒和蒜蓉放到这个圈中，将番茄酱舀出成条状，差不多铺满轮廓线条就是合适的分量。这本菜谱完全使用了视觉思维去转述传统菜谱中食材和调料的分量信息。

2. 美食海报

众多美食主题的海报设计深受消费者的喜爱，它既可以成为展示食物的重要窗口，吸引顾客消费，又可以助力表现餐饮品牌的调性。此外，美食海报不仅逐渐成为商业综合体中吸引线下消费的载体，同时也在线上发挥作用。诸如各类移动应用的加载页、闪屏页、广告页等都在

图3-34　宜家经典菜式"瑞典肉丸意大利肉酱水饺"

大量使用，近些年美食主题的纪录片在传统媒体上获得了较多的关注，《舌尖上的中国》成为当时的现象级文化事件。这些美食纪录片、旅游先导片等相应的宣传海报也受到了好评，出色的美食海报能形成用户引流。站在食物设计外延的角度，分析这些视觉效果突出、令人印象深刻的海报，具体如下。

①以食物影像为聚焦，形成视觉注意核心。如图3-35中所示，图3-35（a）是不同水果的统一风格的系列海报；图3-35（b）是针对

（a）

（b）

图3-35　以食物为聚焦的海报创意

肉串的单一食物系列海报。这些海报案例均是以食物的影像（无论是商业摄影作品，还是手绘作品）作为视觉聚焦点，足够大的影像配合版式安排，使之具有强烈的视觉张力，仿佛食物就要溢出海报图幅一般。

②以食物属性为聚焦，形成味蕾通感联结。海报重点抓住食物的某些属性，譬如口感浓稠绵密、韧性筋道等。突出呈现食物能体现口感，引起观者与生活经验联结，触发通感联想的食物特征。如图3-36的生吐司，撕裂张开，一道道一丝丝的面包肌理清晰可见。

③以食物性状为聚焦，形成意境文化寓意。挖掘食物的性状特征，通过图形创意促成另一种事物的联想，诸如风光、地貌、劳作等，从而蕴含对传统文化的传承、对自然生态的致敬。颇具影响力的纪录片《风

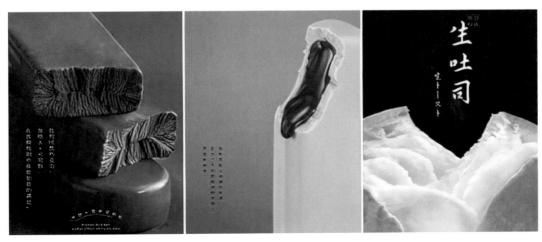

图3-36　日式食物的海报创意

味人间》连续推出了四季，第二季和第三季的海报设计均是以食物食材的特征作为创意切入点（表3-4）。

表3-4

季数	海报举例		主要创意元素
第一季			获取食材的劳作影像
第二季			食材的肌理特征引发联想
第三季			食物的轮廓、细节
第四季			食物与大自然的关联

第四节　饮食器皿

一、服务于饮食的餐具

餐具设计是一个非常广阔而有趣的讨论研究领域，可以挖掘出多个分支的研究主题或研究对象。而餐具与器皿是非常典型的食物设计外延内容，针对该外延范畴，如何构建适合食物设计范畴的思路，也是笔者一直在探索的。区别于完全针对餐具的创新出发点，要一切回到初心，回归到食物这个根本出发点来重新审视创新路径。基于此，笔者尝试使用"食—器—人"的逻辑探讨本章节关于饮食器皿的内容。在该逻辑基础上，器皿扮演了一种介质角色，一方面"食—器"的关系意味着器具要适合食物或饮品的性状、饮食的需要；另一方面"器—人"的关系则是器具要适合对应的消费群体。在以往的工业设计视域下，或许更加重视后者，诸如人机工程学和用户体验方面的探讨，长期以来都较为忽略前者，通常是让食物适应餐具器皿，而不是让器皿作出相应的改变来适应食物（包含菜肴、甜品）与饮品。

饮食器皿包括餐具、饮具（含酒具）、烹饪器等。作为食物设计的外延内容，饮食器皿设计应为满足餐饮需求作出相应的改变或创新，以食物餐饮为中心。

1. 餐具的设计契合食物形态

以往的餐具设计较多地忽视了餐具作为一种器具所服务的真正主角——食物。在菜肴研发过程里，条状、片状、颗粒状、块状等各种不同形态的食物需要选择适合的餐具盛装，既要考虑餐具的容量，又要考虑摆盘美观，个别菜品还需考虑保温等特殊需要，以及新颖的用餐体验。比如"晾衣白肉"是四川的一道名菜，它因其奇特的形式吸引了众多食客。将五花肉与黄瓜切成大块的薄片，用竹竿挂起来（图3-37）。它是在传统的蒜泥白肉基础上进行的演化，将菜肴摆盘方式纳入菜式创新里。巴蜀地区气候较为阴湿，过去老百姓在院坝里晾衣服，喜欢搭

图3-37　新派川菜"晾衣白肉"

图3-38　适合串串形态的餐盘

上两个支架，横上一根竹竿，把洗净的衣服搭在竹竿上放在太阳下晾晒。为了体现巴蜀地区的特色，把这种用竹竿晾晒衣服的方式引用到了食物摆盘，下面摆放蒜泥红油蘸料，形成了如今的"晾衣白肉"菜品形态。这项菜式创新，不再是一般装盛概念下的餐具选择，而是用竹竿制成餐具，再改进菜肴的摆放，包括白肉及其配菜、蘸料等。图3-38的餐盘体现了以食物为聚焦的创新。各式串串式食物可以插在中央具有多个孔洞微微凸起的部分，四周平坦，放置蘸料。几乎从来没有一款餐盘比它更加适合串串形态的食物，这种设计使展示性、便捷性、实用性都被兼顾到了。

2. 饮具的创新适合消费者的需求

在以食物为中心的设计导向指引下，餐具做出改变，饮具亦可创新，从而满足消费者的需求，方便饮用。如图3-39是一款可解决袋泡茶滑落问题的马克杯。常用茶包泡茶喝的人经常有这样的困扰：茶包标牌有时会不小心掉进茶杯里，只能想办法从泡好的茶汤里挑出标牌。设计师注意到了这种袋泡茶的冲泡痛点，在马

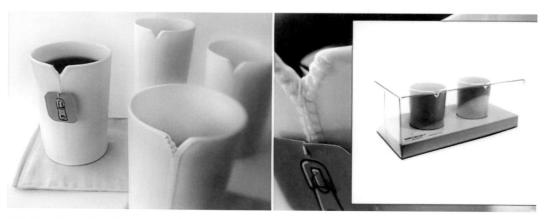

图3-39　Zipper Cup（Lee Weilang）

克杯上设计了拉链开口，新颖别致的同时能有效地卡住茶包标牌，正常倒水冲泡的力度也不会让它轻易滑落。通过对杯子进行创意设计就解决了这一"习以为常"的小痛点。创新的目的之一是解决日常生活中的餐饮问题。

饮用场景中那些"习以为常"的小麻烦对饮具产品创新起到了促进作用，解决这些麻烦可更好地满足消费者的需求。如图3-40所示，这一组咖啡杯着眼于喝咖啡时如何让杯子与饼干点心、条状砂糖包、方糖块一体化，通过对杯子进行设计让品饮过程具有了小趣味。

再如图3-41所示"行走的火锅杯"。令人略微称奇的杯形创新点，一是它的出现，改变了火锅售卖的逻辑。一人一杯的火锅形式，将传统四川火锅从正餐属性向小吃属性转变。二是杯的便携性，可实现边走边吃火锅。与普通奶茶饮料杯可形成匹配关系的杯托，组装后可实现边吃火锅边喝奶茶，形成尝鲜式的引流。三是充分满足了一人食的火锅需求，迎合孤独经济，适合愿意尝试新鲜事物的年轻消费群体。四是巴蜀麻辣口味的火锅搭配冰凉饮品，提高了火锅的适口性，也间接地扩大了消费受众群。边走边吃，或许是巴蜀地区城市街头并不少见的场景，反映出巴蜀地区人们对生活的热爱与随性洒脱。

图3-40 一组咖啡杯创意

图3-41 火锅杯与牛排杯

边逛街边吃，将正餐的制约消解在街头，这样的思路也体现在2013年于韩国街头出现的"牛排杯"——上层放牛排丁、蔬菜、虾仁和薯条，下层放饮料或啤酒，可以边走边吃边喝，兼顾肉类、蔬果和饮料。这款产品一上市就赚足了眼球。通过对饮食方式的创新，将传统西餐"下放"到了街头。沿着此思路，还有海鲜杯、沙拉杯、炸鸡杯……

3. 烹饪器的改进提高了效率

继餐具（含食具）、饮具之后，烹饪器是与食物相关的另一大器物品类，包含了烹调所需的料理器具、烹煮炊具以及部分厨房用具等。烹饪器的设计创新既要考虑到烹饪食物的方法、食物属性，又要考虑到烹饪者，应在人机工程学方面有足够的考量。无论是对食物，还是对人，最终要实现在保障味道基础上提高烹饪效率。

以中式菜刀为例，中式烹饪刀具的设计理念与西式烹饪刀具有着明显不同。中国人庖厨非常讲究刀工，既有大刀阔斧，也有精雕细琢。中国厨师的案头功夫即所谓的"刀工"需要长年累月的训练与积累，刀工有切、劈、斩、剖等，刀法有直刀、平刀、斜刀、剞刀几种。往往是一把菜刀就可以将原材料切成块、段、条、丝、片、粒、茸、末、泥等形状，而且要做到形状、大小、长短、厚薄、粗细、深浅、间距一致，工艺要求极高。中国人讲究庖厨刀法的传统自古有之，《论语·乡党》中记孔子"割不正不食""食不厌精，脍不厌细"，若没有厨师的熟练刀工做烹饪技术支撑，也不会有如此高的要求。相比较来讲，西方厨师的基本功往往不会以高超的刀工技艺引以为傲。因此，西式厨刀的种类有很多，针对不同的料理有不同的刀具，如小型切割刀、雕刻刀、主厨刀、面包刀、剔骨刀、片鱼刀、牛排刀、三德刀、切片刀、削皮刀、抹刀、黄油刀等（图3-42）。一把厨刀的设计可以看出中国人对庖厨功夫要求更高，适合于勤学苦练的熟手；而西式烹饪则对普通人相对友好，普通人按照菜谱指引也能胜任七八分。

随着当今都市生活节奏的加快，自然而然需要降低烹饪器对操作者的技艺要求。即通过增强烹饪器具在细分领域或操作层面的专业性、精专性，让人更容易上手。这其实与现代人机工程学的发展轨迹有一定关系，即让器具适应人，而不是让人去适应器具。根据"食—器—人"的逻辑可以推演出食物设计视域下的烹饪器。经过改进的烹饪器能更

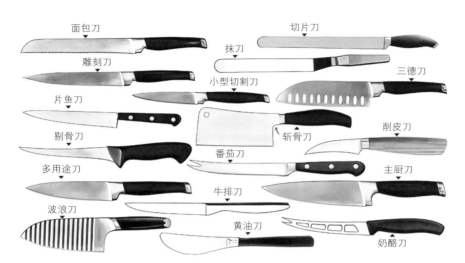

图3-42　各种西式厨刀

加适合于食物，让操作更加简单轻松。譬如针对煎鱼的烹饪料理，有图3-43中各种各样的煎鱼铲，让煎鱼翻面更加轻巧，即使没有什么烹饪基础、手上操作略显笨拙的操作者都可以胜任。这些煎鱼铲的设计就是针对鱼的扁平形态在普通铲子基础上改造升级而来，成为一种烹调专业性很强的厨具。

二、食物作器

前述章节中提到食物设计的创新路径之一是将食物视作器具材料进行创作。一方面区别于传统的人工材料，食材具有天然有机的质感；另一方面可充分调动食材本身的味道，与相应的烹饪技巧进行搭配。此外，有的食物创新，也有生态价值观的融入。食物设计蕴含的生态观在后面的章节再做进一步的讨论。

图3-43　各种煎鱼铲的设计举例

区别于工业化的材料，食物作器的方式显然是与众不同的，它具有天然的亲近性。通过食物与食物的搭配，可以获得新颖的与众不同的饮食体验。常见的食物作器的方式有：①容器餐具。比较常见的菠萝炒饭就是典型例子。将菠萝掏空，挖出菠萝肉，中空的菠萝变成盛装炒饭的容器。容器散发着菠萝的香甜，实现了这道经典菜肴在嗅觉层面的加持。②饮食食具。让食材的品尝过程与自身的性状、料理方式形成巧妙天然的结合，既让饮食过程不再需要额外的食具，又让食材风味更加突出。之前提及的甜筒冰激凌就是经典案例。再譬如图3-44所示，在机床上把胡萝卜当成木材一般加工车削，让胡萝卜像蜂蜜搅拌棒一样，轻松搅动就能蘸上调制的酱汁，使食材与料汁充分融合。胡萝卜既是食材又是食具。③可食器具。由食材加工而成，让器具变得可以食用。当然，可食器具的设计应该充分考虑着馔或饮品的风味，最好不要让它变得突兀，而应该是与饮食主体相得益彰。如图3-45所示，将饼干做成咖啡杯的盖子，既能吸收咖啡的热量与香味气息，又可以将它作为与咖啡配搭的点心，不仅毫无违和感，更是让饼干与咖啡的绝妙搭配体现在食物作器的独具匠心上。

图3-44　机床车削的胡萝卜

图3-45　饼干咖啡杯盖

三、以消费者为中心的餐具包容性设计

无论是天然的食物还是加工烹调的食物，食物就是人们为了满足基本生理需求获取能量而存在。说到底，食物与器物最后都要服务于人，因此器皿和餐具的创新设计要被赋予新的品质，包括审美的、文化的等

诸多方面。移动互联网行业所熟悉的"以用户为中心"的研发理念已经深入人心，器皿作为食物设计的内容外延，又与人直接产生使用关联，因此也应该被充分借鉴和重视，围绕饮食消费（包括烹饪料理过程阶段），推进以饮食消费者为中心的设计创新。

当前食品创新已经愈发重视对消费人群的定位细分，诸如儿童酱油、儿童水饺等商品的出现，体现了对不同消费者需求差异的捕捉，再将其转化为食品零售的商机。在饮食器具方面，"儿童餐具"已经成为大众所接受和熟悉的垂直品类，但比较遗憾的是，目前专门针对老年人的餐具却没有形成独立品类的概念。就目标消费者划分而言，只有儿童餐具和儿童群体以外的成人餐具这两种粗略的分类。很显然，成人餐具是一种宽泛的类别，一方面缺乏对用户细分的思考，另一方面在实际生活中对一部分老龄群体形成了一种排他性，这种排他性以潜在形式客观存在。随着人口老龄化的趋势日益明显，餐具产品的适老性问题也正前所未有地突显。

中国人口老龄化日趋明显，到2026年时，中国老年人口规模将达到3.1亿人，约占世界老年人口总量的25%，拥有世界最大体量的老龄人口。养老不仅仅是相关产业的富集，而如何拥有高质量的老年生活成为中国老年人都需要面临的现实问题。作为高频次使用的餐具，是人们生活的日常需要，也是饮食生活形态的缩影，真切地影响着每一天的生活质量。从人口发展趋势角度来讲，老龄群体使用的餐具需要在设计方面进行有针对性的设计，实现以消费者为中心的创新。适老性问题对于成人餐具的设计开发来讲既是挑战也是机遇。成人餐具的适老性本质上与产品开发倡导人性化设计一脉相承，从宏观层面而言是对人性的包容。那么，具体到目标设计对象或目标用户群，适老性餐具产品的开发则需要有包容性并契合其设计定位，可视其为中观层面的设计目标。尤其是在当前倡导用户体验的设计背景下，以消费者为中心的设计通过包容性设计（inclusive design），以心理关怀为基础支撑，促使一种设计理念真正落地转化为便于目标用户使用的餐具。

经典的马斯洛需求层次论将人的需求从低到高依次划分为生理需求、安全需求、社交需求、尊重需求、自我实现需求。老年人餐具的包容性创新，其基本逻辑应该置于遵循人的普适性需求规律基础之上。如图3-46所示，老年人在使用餐具时会遇到阻碍，在满足人的需求这一

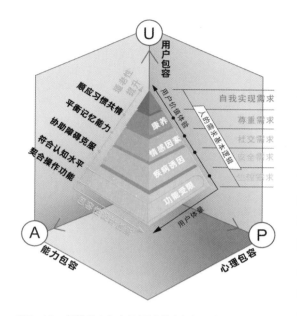

图3-46　老龄用户包容性设计维度框架（自绘示意图）

基本逻辑的指引下，分别将餐具产品的适老性问题与各层次的需求形成对应关系：功能受限属于生理需求层次，疾病诱因严重影响着用户的安全需求，情感因素蕴含着用户的社交需求，而新时代的老龄用户康养则体现了用户对老龄阶段的幸福感追求，以及人们对老这一自然界客观规律的尊重和积极态度。从体验的角度而言，对不同层次体验的改善过程也是需求层次的提升过程。户餐具产品的创新路径可以使用包容性设计维度框架（user-ability-psychology，UAP）来梳理。创新过程中不宜过度关注创意的新颖性，而更应该是以解决目标用产的实际问题为导向，以老龄包容作为设计责任。该UAP框架中的创新设计是对产品适老性特征的促进与强化。以餐具适老性问题为抓手，逐一解决并形成包容方案：餐具设计契合老龄用户操作功能，符合其认知水平，以功能受限问题为重心；协助老龄消费者克服整个用餐过程的障碍，以期助力解决疾病方面的问题，提高生活质量；平衡记忆能力能从情感因素角度满足基础需求；顺应习惯共情既体现了对用户的尊重，又呼应用户对幸福康养的追求。相对于"儿童餐具"的概念已被广泛接受来讲，老年人餐具设计缺位，老年人餐具设计不仅仅囿于餐具产品，更应全面扎根现有设计领域。

　　我们都说美食不能没有美器。而"美器"不应该只是指造型美、材料美的饮食器具。除了通过感官直接触达的美好特征外，还应包含心智构建层面的文化特征。其中"文化美"中的"文化"不特指传统文化，应探寻文化的与时俱进性，扎根于当代生活，融合现代科学技术，进行人性关怀、生态文明方面的探寻。前述专门针对年长消费人群而提出的"老龄餐具"包容性设计创新是对文化美的另一种注脚，既囊括了人机工程学、消费心理学的研究成果，又同样传承了中华文化中尊老孝道的传统和新时代的思想。

第五节　餐饮空间

一、饮食文化中的"境"

我国自古逐步形成了比较完善的饮食审美思想，是中国历史上上层社会和美食理论家们对饮食文化生活美感的理解与追求，是充分体现了传统文化色彩和美学追求的民族饮食思想。这种饮食审美思想可概括为"十美风格"，分别体现在：质、香、色、形、器、味、适、序、境、趣。其中的"境"是指优雅和谐、陶情怡性的宴饮环境。宴饮环境有自然、人工、内、外、大、小等区别。当饮食生活被人们认作一种文化审美活动之后，"境"就自然成为其中的一个美学因素。

饮食文化中的"境"与餐饮消费中的"境"其实有着不一样的视角。后者随着商业经济的发展和城市文化带来的餐饮行业的繁荣，更多是指人工环境和消费空间，是餐饮市场与饮食文化共同促进的结果。而饮食文化所指的"境"则要广阔许多，囊括了意境、心境等方面，绝不仅仅是指狭义就餐的餐饮环境。李白《月下独酌》里写道"花间一壶酒，独酌无相亲。举杯邀明月，对影成三人。"首句就指明了在花间庭院饮酒。被世人誉为"天下第一行书"的《兰亭序》诞生在会稽郡山阴城的兰亭，"此地有崇山峻岭，茂林修竹，又有清流激湍，映带左右。引以为流觞曲水，列坐其次。虽无丝竹管弦之盛，一觞一咏，亦足以畅叙幽情。"写明了茂盛的树林、高高的竹子，又有清澈湍急的溪流，辉映环绕在亭子的四周，引溪水作为流觞的曲水，排列坐在曲水旁边饮酒。临流宴饮，诗赋唱咏，足以见得这个饮酒环境的清幽风雅。此外，王勃的滕王阁会饮、欧阳修的醉翁亭小宴，均为自然、人工、大、小之境的绝妙结合。由此可见，饮食文化中的"境"容纳了辽阔天地与云汉星辰，也蕴含了饮食之人更加深邃的心绪与畅想，是生理物质因素与心理精神因素相互渗透的体现，也逐步形成了中华民族的饮食文化特征和饮食审美思想。

作为食物设计外延的餐饮空间，是饮食文化中"境"的当代生活解读，并与现代商业结合形成集餐饮消费与文化消费于一体的体验场域。它虽然不具备更宏大的人文审美色彩，但却聚焦于饮食消费体验需求，同样具有比较突出的精神享受与文化格调属性。食物设计通过调动各种资源与元素，从狭义的空间环境切入，重新审视、理解和追求"吃"这一物质活动，试图契合餐饮定位的调性，将心境外化呈现于餐桌方寸之间及餐厅的人工环境之中。

二、氛围促社交之境

餐厅设计属于空间设计范畴，餐厅主要指餐厅环境内部空间。而餐饮空间主要由餐饮区、厨房区、卫生设施、衣帽间、门厅或者休息前厅构成，这些功能区和设施构成了完整的餐饮功能空间。餐饮空间的各个部分之间按照某种特定的关系有机地组合在一起。餐饮空间设计有着比较成熟的理论支撑以及非常成功的设计案例。以食物为主角，重新审视空间，或许能开辟另一个不同的领域。所以在思考将餐饮空间设计作为食物设计的外延时，需明显区别于单纯地讨论餐饮空间设计，应置于为食物赋能的可能性设想基础上。

将氛围营造作为空间设计的切入点，"围炉煮茶"是一个可供解读的代表性案例，它突破了传统餐饮空间的范式，凭借年轻消费群体追求氛围感出圈。从图3-47中的百度指数可以看出，围炉煮茶于2022年的冬季（11～12月）突然间爆火。为什么年轻人开始扎堆喝茶了？概括说来，始于"颜值"，忠于"社交"，敬于"传统"。相对于单纯的饮茶，围炉煮茶之所以吸引年轻人，更多源于整体的氛围感。这种氛围是闲适的、惬意的、"岁月静好"的，自有一种脱离日常生活的仪式感。围炉煮茶的背后，体现了年轻人渴望户外社交并期望从中获得情绪舒缓。围炉煮茶恰好提供了一种舒适的社交方式，并可以让人们获得"独特的情绪价值"。

围炉煮茶，常见的有室内煮茶（保证通风和安全），茶台置于屋内，置身于温暖的环境之中；也有露天茶馆，或在竹林凉荫之下、山水田园之间。炉上烤的小食也更加多元，比如柿子、年糕、栗子、红枣、玉米等。有些茶馆还会提供茶点、甜品等（图3-48）。"烤"这些食物，看似是一种仪式感的营造，本质是使食物成为社交的联结点。围炉煮茶的

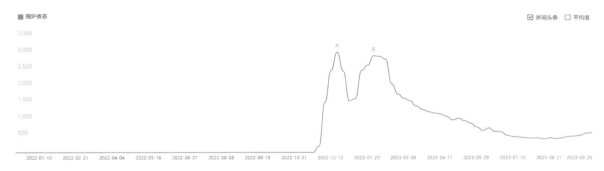

图3-47 "围炉煮茶"百度指数

迅速走红原因在于满足了年轻消费者的社交需求。对于当前年轻族群而言，但凡爆火的事物，它的核心功能一定与社交相关。也正是由于围炉煮茶的环境氛围、食物摆盘非常利于拍照，于是社交氛围又从线下延伸到了线上。处于移动互联网时代的当下，年轻群体的另一部分社交在线上，将围炉煮茶的场景在各个媒介平台上展示，又引发一波讨论。这显然与一般概念里的餐饮空间设计不同。社交是Z世代群体不可或缺的生活需求，而线上线下的高度融合又成为一种生活形态特征。从实景到虚拟，拍照打卡、晒片、评论，或是一道菜肴，或是一枚糕点，或是一个盘饰……食物似乎一直都是一个重要的主角。

图3-48 围炉煮茶的环境

三、宏观转微观之境

不要让餐饮空间设计过于世俗化、消费化。回到初心，为什么空间场景对于饮食来讲如此重要，让那么多的餐厅不惜重金去打造各种风格的就餐环境。摒弃餐饮环境中关乎身份地位的纸醉金迷般的浮夸装潢，满足人们文化精神深处的审美需求才是根本。更高规格的宴席与饭局不同，肴馔膳品的美味与空间环境相配，才能让就餐者的生理与心理变化充分协调，达到一种愉悦的心境。

例如设计师侃侃开创了专门做夜宴的工作室，将好看的园林艺术、戏曲、花鸟盆景、美器、VR艺术等引入宴席的空间布置里。为各种私宴打造出了不同于一般餐饮环境的宴客空间，例如其代表作品"马云西湖夜宴"。如图3-49，宴席桌上出现了舍利干。天然形成的舍利干，是自然界的树木上一种客观存在的现象。受风吹雷劈、砍伐践踏、虫蛀蚁咬等外在因素的影响，自然生长的树木往往有部分树体死亡，形成枯荣互见、纵死相依的现象。而死去的木质部分则往往白骨化——成为天然的舍利干。这种自然形成的舍利干苍健奇诡、造型奇特，古拙、粗犷、张扬、奔放，是一种不可多得的天然好物，给人一种岁月留痕、枯木逢春的联想。设计师又使用了大量苔藓，苔藓被国人赋予了生命和精气神的象征。如叶绍翁《游园不值》中的名句"应怜屐齿印苍苔，小扣柴扉久不开"，刘禹锡的《陋室铭》中有"苔痕上阶绿，草色入帘青"，白居易的《石上苔》中有"漠漠斑斑石上苔，幽芳静绿绝纤埃"，袁枚的《苔》"白日不到处，青春恰自来。苔花如米小，也学牡丹开"。——历代的文人墨客赋予了苔藓灵魂和精神价值，苔藓也丰富了中国人的审美世界。

图3-49中别具一格的宴饮空间，仿如微观浓缩的一个大千世界，

图3-49 夜宴空间环境布置（见芥工作室）

生机盎然。也正如《苔》这首诗不仅全神贯注地写苔，而且把淡泊宁静、顽强质拙的人格融入这小小生命。这首著名小诗，对物的人格化形成了无痕迹的、润物细无声般的表达。设计师与诗人一样，在塑造自然形象时，诗人不知不觉把自己的感受、情绪、人格融入其中。而餐饮空间的文化重塑，也饱含了浓重的哲理意味，蕴含着客观与主观、表象与本质、渺小与伟大、生命与逝去等永恒命题。以宴为体，以食为兴，以心为境，食物设计同样可以容纳这种宏大的主题叙事，让宏观与微观之间形成妙趣横生、意蕴深邃的转换。

四、突破常规思路之境

重视餐饮空间的设计不一定就是追求高雅格调或豪华高档，也不一定就是要消费者正襟危坐，富有诗情画意才是文化内涵的体现。不妨换一个思路，将常见的就餐环境进行颠覆，从与众不同的逆向思维入手，探寻食物与生活方式之间的关系。俗话说"小隐隐于野，大隐隐于市"，这告诉我们闲逸潇洒的生活不一定要到林泉野径去才能体会得到，更高层次的隐逸生活是在都市繁华之中开辟心灵中的净土。因此同样的道理，餐饮空间设计想要表达什么与其销售的食物菜品调性有着直接关联，充分表达出菜肴的定位，符合目标人群的心智预期，同样能将单一的食物餐饮消费与文化消费产生联结。譬如，很多火锅店的装修风格使用了复古方式，将二十世纪八九十年代的市井街头样貌还原搬入了餐厅里。这些样貌所对应的恰恰是目标消费群体模糊的儿时记忆。通过餐饮空间唤醒其儿时的感受，使模糊的街头巷尾的样貌清晰起来，从而让空间环境触达用户心灵深处珍藏的美好，赋予餐饮空间新的品质，它不是高雅或华丽，而是质朴简单与纯真放松。

市井生活从来都是充满人间烟火气息。它是离普罗大众最近的，甚至是毫无距离的，就像人的一日三餐，它普通得像自然而然的存在。

譬如，成都推出了令人意想不到的"火锅巴士"，将火锅元素搬上车打造成了"CITY TOUR"观光巴士，游客可一边坐巴士，一边吃火锅，还可以领略沿途夜景，营造出"美食＋交通＋旅游"跨界融合的夜间消费新场景。成都公交集团与成都文旅集团联合，成功策划了这一移动的"火锅文化店"。突破了火锅餐饮空间设计的常规思路，以穿梭于

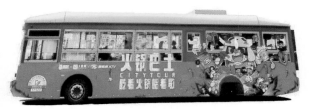

图3-50 成都的"火锅巴士"

大街小巷的公交巴士作为空间载体。"巴士火锅局，一口穿城过"——车身上大大的字体展现出这辆巴士的与众不同，车身上是一手握筷一手拿饮料，正吃着火锅的熊猫形象（图3-50）。该巴士全程90分钟，串联多个夜间地标景区，车厢外是雨后成都喧闹的街景，车厢内有热气腾腾的火锅。"火锅＋巴士"的全新文旅体验模式，不仅迎合了当下年轻人的旅游消费心理，更是打造出了一种轻松愉悦的新式火锅体验，既满足了游客对吃的需求，又满足了游客逛成都夜景的需要。透过车窗看着车外建筑上散落的斑驳灯光、街边小店内食客们的欢声笑语，一幅闲暇舒适的成都夜间消费场景图跃然纸上。

"雪山下的公园城市·烟火里的幸福成都"，这一宣传语概括了成都的特色。"火锅巴士"这一移动的餐饮空间，一方面将火锅餐饮品类作为空间创意的出发点，另一方面将餐饮消费与夜间文旅消费进行了巧妙结合，使巴士这一大众习以为常的交通工具突然摇身一变成为火锅餐食空间，成为自带流量的话题。更重要的是，"火锅巴士"的创意与"幸福烟火气息"的城市气质具有一脉相承的逻辑，让单一的餐饮空间与更宏观的城市空间悄然地形成了一种精神联结，为在这座城市里生活的老百姓、旅游路过的游客提供了一种与之前任何一种火锅餐饮都不同的饮食体验。

巴蜀地区人们的乐观、包容、积极的生活态度，在一个火锅局里体现得淋漓尽致。在拥挤的巴士上、地铁里，每一个工作日准时出现的那个熟悉的陌生人，彼此是彼此的过客，游客则是短暂造访的城市居民。在同一辆巴士里，在一个街头，临时攒一个火锅局，把酒言欢，亦香味四溢。

第四章

美食文创产品

第一节　以食物为载体的文创产品

一、饮食品类进入文创开发视野

1. 文创产品与饮食商品的结合

"美食文创"概念的出现到被愈发多的人认可与博物馆文创的勃兴有着高度关联。对于大部分民众来讲，对"美食文创"的熟悉是从一只博物馆文创雪糕开始的。文创雪糕是非常典型的以食物为载体的美食文创商品，它拉开了博物馆开发更多与美食相关的文创商品的序幕。因此，对博物馆场域视野下的美食文创设计作一番详细探讨，对在其他领域或行业推广美食文创商品研发有着诸多借鉴作用。

在国家层面出台推动文化文物单位进行文化创意产品开发的相关政策支持下，我国博物馆的文创产品开发工作步入全新高速发展阶段，以"博物馆生活"为核心的文创产品与服务不断呈现。博物馆文创产品开发与当下民众生活形态和文化消费更加紧密地贴合，丰富文化体验成为文创产品开发设计的重心，实现文化赋能的创新性转化。在此开发理念下，各种博物馆的"美食文创"开始涌现。通过创意设计将美食载体与文博元素结合，通过开发"舌尖上的"文创产品来探寻多官能通道的文化体验维度，形成了以博物馆为基础多产业业态联动下的新型文创产品消费。

随着对博物馆文创产品开发力度的逐步加大，从初期的衍生品、纪念品开发开始向"博物馆生活"体验这一大文创设计方向转变，由单一的商品开发向文创产业链开发转变。文创商品的种类日趋丰富，早期以摆件饰品和文具居多，诸如优盘、耳机等各种消费类电子产品已成为常见文创商品类型，随后美食商品类型也开始进入文创产品开发的视野。

经由个别博物馆先期摸索，受到游客好评甚至追捧之后，饮食商品正式进入文创产品开发领域，饮食类的文创界限被消解。博物馆文创产品着重将经典馆藏文物的文化元素与现实生活用品结合，文创产品开发过程的创新思维在一定程度上被固化。而伴随用户体验设计思维的极大拓展，可闻可尝的体验理念促成了饮食类文创产品的开发。于是，愈发多的博物馆纷纷开始开发美食文创产品，美食文创产品开发俨然成为一种时尚。回到一开始提及的"文创雪糕"，雪糕、糕点等这一美食品类在一些大型的、客流量较大的文博机构中成为一股风潮。在这一流行趋势下，食物设计其实也已经正式进入美食文创产品开发中，已将食物设计的诸多创新方法、产品思维运用到饮食类文创产品的研发过程。

2. 食物设计融入文创产品开发

（1）开发定位的新变化

文博资源设计转化的载体为饮食类商品，开发定位应根据商品的食品属性来调整和确定。一是考虑饮食商品的保质期和风味最佳期的问题。这在之前传统的文创商品开发中较少涉及，必须预设美食文创商品的生命周期。二是将保存方式和放置环境等因素纳入开发考虑因素。文创产品从开发设计到上市面向公众完成商品转化后，需要及时给以合适的存储或保鲜，这意味着饮食商品具体的保存条件应该前置到开发过程中。三是饮食加工与现场制作环节的开发配套，部分美食文创产品还需要在博物馆售卖区现场加工或制作，譬如咖啡起泡拉花、糕点加热等。四是食物销售资质与售后服务等问题需要一并满足。博物馆出售美食文创商品应该具有相应资质，符合相应的食品卫生法规的规定。此外，还需要配套有相应的售后服务以及针对食品安全的应急处理流程与机制。

（2）设计特征的新融合

以食物为载体的文创产品设计，不同于传统意义上文创产品设计的概念，美食文创产品的本质是食物，其开发需要引入食物设计重新思考和界定设计特征。事实上，食物就如设计本身一般以某种惊人的方式介入了设计领域。进行食物设计应从设计视角来理解食物，诠释食品载体背后的味觉内涵和文化体验，提升食物在经济、社会、人文、文脉等各个方面的品质。当食物设计融入博物馆文创产品开发，美食文创商品也就被赋予了新的设计特征。一是增强了食物商品自身的文化内涵，二是文创产品新增了感官体验维度，三是拓展了设计的方式和创意路径，四是强化了博物馆文创产品进一步向博物馆生活形态层面推进。诸多设计特征的融合其根本在于当前文化创意产业的多业态联动开发态势日益突显，从文创产业链往文创业态系统变化。该系统的开放特征，促使饮食领域与博物馆生活发生业态融合。

（3）构建"博物馆生活"创新理念

"博物馆生活"体现了博物馆发展在文博文创领域的新理念与新趋势，也蕴含了基于生活形态和日常体验的设计观的介入，并结合了文化消费和文化体验以更好地满足需求。国际博物馆协会公布的近三年的国际博物馆日主题分别是：2021年为"博物馆的未来：恢复与重塑"；2022年为"博物馆的力量"；2023年为"博物馆：可持续性与美好生活"。所有博物馆都可以在塑造和创造可持续未来方面发挥作用，它们可以通过教育项目、展览、社区参与和研究来实现这一点。这种重塑可以视作对之前博物馆远离民众生活、规训式教育模式的纠偏。博物馆融入民众生活中的文化和教育，成为提升生活品质的必备要素。以"博物馆生活"为理念重构文博文创产品的开发创新路径，既充分契合当代文化语境下的大众生活形态，又与当地的历史文脉、民族风俗相结合，植根于城市气质、民风民俗的形成脉络。这意味着"博物馆生活"囊括了个体性的生活经验，又可提升至城市与族群的本土化的生活界定，并最终实现从基础层面夯实和推动优秀传统文化的创新性发展以及文化软实力的增强。

二、美食文创商品的体验维度

1. 感官维度

美食文创商品的出色体验需要充分结合一般饮食商品开发和文化创意商品设计的常态规律。将饮食文化讲究的"色香味形养器境"与产品设计视角下的"造型、功能、材质、结构、风格、装饰、包装"等结合。从商品体验的优先级排序来看，文创商品开发应该回归到"味觉＋文化"这一基本的感知逻辑。美食文创商品发轫是在传统文创商品中加入味觉感官体验。最早期的博物馆美食文创以月饼、雪糕等作为基础商品开始摸索"舌尖上"的创意体验。月饼作为我国传统佳节的食物，其本身早已被赋予了若干文化基因。因此月饼作为探索美食文创商品开发的开始依然跳不开前述"味觉＋文化"的基本逻辑：饮食载体是对相关文博资源"形而下"的感官体验表达，创意提升目的则是彰显文博知识

"形而上"的文化阐释。上下其间的贯通性经由感官刺激和生理反馈达成最为朴素也是最为直接的体验维度。尽管后来饮食商品形式不断拓展和丰富，感官体验获得的合理性与便捷性一直是美食文创商品开发过程必须面对的核心导向。

2. 场域维度

基于文化消费的文创商品体验，是物品的绝对时间在现代性社会中延续的一种形式，离不开时间空间的限定。即以文创商品作为体验触点，是博物馆特殊空间的转场和时间序列的断续重置。出于对饮食风险因素的考虑，许多美食文创商品不能在场馆内开封或食用，因此博物馆的美食文创相对于其他一般文创商品更具有典型性，文创消费体验的场域维度属性变得异常突出。游客参观结束后可在博物馆场馆外围的园区内边走边品尝文创美食。由于消费者作为人的存在，博物馆文化语境下的场景体验又可以与感官体验的连续性发生交融互动。从消费场景角度解读"人－货－场"，对体验维度进行资源重构是当下新零售的商业变革，同样适用于博物馆进行美食文创商品开发。譬如笔者参加的成都金沙遗址博物馆的文创商品开发头脑风暴会议，针对博物馆饲养梅花鹿的"金沙鹿苑"，探讨了开发专门用于游客喂食梅花鹿的"小鹿饼干"这一专属于动物的美食文创商品。"小鹿饼干"的构思源于场域体验维度的改变引发的"人－货－场"的资源重置，从而促成新文创商品的开发。

3. 心流维度

文旅融合发展对于中国博物馆来说首先是观念的转变，将文化感受与旅游体验结合，进而升华至精神和情感的共鸣。游客把博物馆作为目的地，带有更高更深厚的期待，希望从中获得一种文化上的和精神上的交流与触碰、体验与感悟，这种高层次的文化体验建立在博物馆从管理到经营的全方位创新基础之上。以文化体验为目的的文博旅游与日常生活中常见的休闲体验截然不同。日常生活中人们很少因心（heart）、意（will）、念（mind）的同步而内心涌现宁静或快乐。这种感悟的特殊时刻为"心流体验（flow experience）"。根据各项活动的典型体验品质反馈，饮食达成的心流体验质量为中等，而主动式活动容易获得较高质量的心流体验。文化体验的驱动，往往是主动的和内生式的专注。从设计心理学角度来看，文化体验的更高品质应为心流体验。出色的博物馆展陈设计要营造出沉浸感，而这种沉浸感就是促使观者对自我进入心流状态的感受描述。因此，文创消费体验的更高境界为文化与精神的交织享受。博物馆打造美食文创商品要将饮食过程中的感官体验提升至文化维度，甚至达到心流体验品质，才能给博物馆游客留下难忘记忆。

4. 业态维度

博物馆通过线下实体店或线上渠道面向终端消费者出售文创商品，也充分具备零售业属性。从经营组织架构来看，零售业态为满足不同的消费需求进行相应的要素组合而形成不同的经营形态。在当前博物馆IP授权的主流运营模式下，"多业态"不仅仅成为常态化的零售经营特征，同时也反映在商品的研发特征上。美食文创商品在一般零售食品属性基础上的价值增值过程主要在IP授权下形成溢价，且表现为多次的内容再创造和不同业态间内容形态的转化。那么从文创商品消费的角度来讲，已经不仅仅是购票参观的单维度业态。消费者购买美食文创商品，譬如购买一杯有博物馆文化元素的拉花咖啡，就涉及了餐饮烹饪、饮食、文化商品、博物馆服务等多种业态。而每一种零售业态又都有各自相应的服务标准和体验价值。而且随着"博物馆生活"发展理念的推进，服务设计与品牌设计的置入可进一步提升体验品质，美食文创商品的体验维度更是不可避免地呈现出了多业态联动开发和融合运营的趋势。以文博资源的IP授权为核心，以多业态运营为现实执行基础，以体验品质为创新驱动的文创商品开发路径日渐清晰。

三、美食文创设计切入点

1. 形态设计

将食物最后上架销售的形态作为设计点，可以比较直观地吸引消费者。最常见的美食文创产品的创新方法如下。

一是将一部分食材与其他食材进行结合，模拟出它本来的模样，但口感在原本食材的基础上发生了巨大的变化。比如网络上曾风靡一时的"龙吟蜜桃"这道甜品就是典型，制作主原料之一为水蜜桃，外形也为一颗逼真的水蜜桃，但它是水蜜桃香味的巧克力与冰激凌（图4-1）。"龙吟"源自一家日本知名的米其林餐厅名，其最著名的特色菜肴为形态酷似草莓的甜品，所以叫作"龙吟草莓"。该餐厅的"龙吟草莓"号称"史上加工程序最复杂"的甜品，一颗甜点草莓售价高达800元人民币。这道甜品使用了用糖艺手法制作的人造草莓糖外壳。于是，网上将类似糖艺手法与水果、冰激凌结合的衍生甜品叫作"龙吟××"，如"龙吟荔枝""龙吟橘子"等。

　　二是将一种食物或食材作为塑形材质模拟出另一种食物或食品，重

（a）龙吟蜜桃（美食博主"陈胖胖她不胖"）

（b）龙吟橘子、柠檬、苹果（美国主厨Henry Cocina）

图4-1　"龙吟"手法系列的甜品

新赋予了之前食物完全不同的品相和形态。由于该形态菜品的味道与人们已有经验中该形态食材的味道有巨大偏差，故营造出了几分意想不到的趣味性。与前述第一种方式不同的是，前者使用了该形态的食物作为主要制作原料，形态与味道有着关联性；而后者则追求刻意地放大这种形态与原料味道之间的差异性，达到奇趣效果。例如图4-2的"碱水小烤鸡"，外形酷似烤鸡，味道则是夹心烘焙面包。图4-3的甜品形态像极了森林里长出的蘑菇，它是用奶豆腐制作，底部土壤状的食材用奶豆腐碎、抹茶酱、奥利奥饼干碎末、可可粉等制作。这些甜品的形态与制作的食材基本毫无关系，体现出了烹饪者的独特创意。正是这种出乎意料的无关联感给食客一种强烈的新颖有趣的体验，由于独特的创意性，让它们成为一种美食文创产品，成为吸引顾客的引流性美食。

三是利用食材的可塑性，将食物或食材呈现出另外的非食物类的形态，诸如建筑、文物等，大众目前耳熟能详的文创雪糕就属于典型案例。在上述第二种方式里，最终呈现给食客的烤鸡、蘑菇等形态依然属于食物范畴的形态。而第三种方式则是将形态泛化，以宏大的建筑、古典的文物，甚至是日常家居产品等作为造型元素。在前述章节中谈到的视觉官能设计视角其实就广泛地运用到了这种方式。譬如许多博物馆在中秋佳节之际纷纷推出具有自家文物元素的月饼，而月饼一定是圆形的吗？

图4-2 "碱水小烤鸡"烘焙（美食博主"劣狐狐烘焙"）

图4-3 蘑菇奶豆腐

当然不是，如图4-4所示，美食达人对传统月饼进行了创新，创作了咸蛋黄夹心的宛如故宫殿宇的新式立体造型月饼。

图4-4　故宫元素的月饼（美食博主"W大俗"）

各个博物馆在挖掘馆藏文物形态方面可谓独具慧眼，与食物设计的形态模拟方式结合得非常巧妙。表4-1列举的美食文创商品，从扁平化的食物形态到立体雕塑式的食物造型，都充分体现了美食文创产品的影响力在日益增加。食物设计的应用性和创新性也在这些形态各异的美食文创商品上得到了充分印证。

表4-1　以美食文创产品形态模拟设计方式分析

运用方式	立体模拟	局部拟态	纹饰塑形	纹饰装点
实物图例				
美食文创产品	四羊方尊巧克力	神兽雪糕	秘色瓷莲花碗曲奇	太阳神鸟月饼
文博元素	四羊方尊青铜器	故宫建筑脊兽	五代秘色瓷莲花碗	太阳神鸟金饰
出品博物馆	中国国家博物馆	故宫博物院	苏州博物馆	成都金沙遗址博物馆

2. 纹饰设计

对食物外观上的图案、纹理等进行设计，展示出更多丰富的视觉元素。表4-1中的月饼设计其实也属于纹饰设计范畴，该月饼的文物元素来自"太阳神鸟金饰"，作为成都金沙遗址博物馆的"镇馆之宝"，该文物本身非常薄厚度仅有0.02厘米，所以文物本身就是平面的形态。目前许多新国风的月饼设计，非常重视月饼上的压模图案对传统纹样的传承与发展，着重从月饼的纹饰上进行创新。比如图4-5（a）所示的品牌"于小菓（果）"收藏的源自山西的玉兔捣药异形月饼模具，再结合传统吉祥纹样制作了兔形轮廓月饼；图4-5（b）是乾隆年间的月宫图案模具，是当时晋南地区颇为流行的图案造型，月饼图案生动地描绘了广寒宫的情景，桂树丰茂，玉兔在捣药，嫦娥在庭院中与玉兔交流，故事场景栩栩如生。品牌方决定按模具原尺寸制作月饼，食客每人可分享一块大月饼，这样才能真正享受到传统中秋团圆的乐趣。

沿着纹饰设计的创意思路，再进一步挖掘色彩的可塑性，还可以利用食材的天然色素或适当添加人工食用色素，制作出颜色五彩缤纷、纹饰繁复华丽的各色新国风月饼。如图4-6所示，网上各个新媒体平台上

（a）兔形月饼

（b）清代月饼模具

图4-5 品牌"于小菓（果）"的古风月饼

图4-6 各种古风的月饼与糕点

有诸多美食博主、新兴品牌纷纷推出了纹饰与色调充分结合的古风月饼或中式糕点。有的色彩鲜艳，有的色调淡雅，有的则大胆使用撞色。这些新国风的糕饼成为美食文创商品中一种不可忽略的调性品类。

3. 文化主题

综合食物的形态、纹饰、色彩，再结合食材所呈现出的质感（材质属性），充分表现了食物创作的文化主题性，或者说根据食物设计所要表达的文化主题，恰当地运用食物及其相应的特色属性。这一类的美食更加注重赋予食物文化内涵。此外，在近些年国潮设计风潮的影响下，文化属性成为这一类美食文创商品不可或缺的一种属性，并为饮食商品增加了溢价，推动构建相应的美食文创品牌。让文化消费属性更加突显地置入品牌基因之中。

除了对传统糕饼类食品进行食物设计，提升其创意水平，赋予新的时代审美元素，普通食品也在向美食文创商品转型。诸多品牌也在探索将这些中国语境下的食物设计语汇与西式的甜品进行结合，以西式甜品的制作方法为基础，重新诠释中式糕点的审美方向与文化意境。沿着这一创作路径，最为常见的食品创作领域是巧克力与餐饮甜品。如图4-7中的"巧国源记"品牌巧克力，不仅仅以纹饰设计为创新亮点，更提出了"风味再造"，使用巧克力诠释中国风味，推出了"非遗再造·浮雕巧克力"系列，加入诸如龙井、杨梅、蟠桃、桂花、龙眼等食材与巧克力产生有趣的碰撞。作为国风巧克力品牌，品牌方倡导"创造中国自己的巧克力，传承东方的文化审美"愿景，致力于推进巧克力本土化，希望将东方美学融入巧克力，描绘出一幅由巧克力构成的桃花源。

图4-8中的"瑭所"品牌甜品，在西式慕斯甜品制作方法基础上格外重视对东方美学的创意运用。以"窗"系列的文化主题国风甜品为例，

图4-7　"巧国源记"国风巧克力之"非遗再造"主题系列

"窗"本身是很日常的元素,中国古人将其作为建筑上的艺术表达。空窗背后是中国文化哲学的逻辑,是感受生活流动风景的心境表达,是"会心之处不在远,过目之物尽是画图"的东方浪漫。品牌方将对中国艺术、文化的体悟和感知,放进一块小小的甜品中,形成了颇具意蕴的造型,把古今共情的美好与浪漫,思索与智慧,带入当下,走进人们的日常生活。

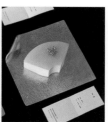

图4-8 "瑭所"国风甜品之"窗"主题系列

四、美食非遗技艺融入美食文创

1. 关于美食非遗

一方面非物质文化遗产中有着诸多与美食、饮食相关的技艺或内容,诸如酿酒、酿醋和地方风味食品制作等;另一方面饮食文化本身就蕴含了这些非物质文化的文脉与传承,美食文创产品的设计者有责任对这些非遗内容进行挖掘与创新性转化,与文创载体进行巧妙结合,使这些"美食非遗"焕发出新时代的生命力,这也是文创赋能作用的体现。

明确非物质文化遗产代表性项目名录,对保护对象予以确认,以便集中有限资源,对体现中华民族优秀传统文化,具有历史、文学、艺术、科学价值的非物质文化遗产项目进行重点保护,是非物质文化遗产保护的重要基础性工作之一。联合国教科文组织《保护非物质文化遗产公约》(以下简称《公约》)要求"各缔约国应根据自己的国情"拟订非物质文化遗产清单。建立国家级非物质文化遗产名录,是我国履行《公约》缔约国义务的必要举措。《中华人民共和国非物质文化遗产法》明确规定:"国家对非物质文化遗产采取认定、记录、建档等措施予以保存,对体现中华民族优秀传统文化,具有历史、文学、艺术、科学价值的非物质文化遗产采取传承、传播等措施予以保护。""国务院建立国家级非物质文化遗产代表性项目名录，将体现中华民族优秀传统文化，具有重大历史、文学、艺术、科学价值的非物质文化遗产项目列入名录予以保护。"

国务院先后于2006年、2008年、2011年、2014年和2021年公布了五批国家级非物质文化遗产项目名录（前三批名录的名称为"国家级非物质文化遗产名录"，《中华人民共和国非物质文化遗产法》实施后，第四批名录的名称改为"国家级非物质文化遗产代表性项目名录"），共计1557个国家级非物质文化遗产代表性项目（以下简称"国家级项目"），按照申报地区或单位进行逐一统计，共计3610个子项。为了对不同区域或不同社区、群体中的同一项非物质文化遗产项目进行确认和保护，从第二批国家级项目名录开始，设立了扩展项目名录。扩展项目与此前已列入国家级非物质文化遗产名录的同名项目共用一个项目编号，但项目特征、传承状况存在差异，保护单位也不同。

国家级非物质文化遗产名录将非物质文化遗产分为十大门类，其中五个门类的名称在2008年有所调整，并沿用至今。十大门类分别为：民间文学，传统音乐，传统舞蹈，传统戏剧，曲艺，传统体育、游艺与杂技，传统美术，传统技艺，传统医药，民俗。每个代表性项目都有一个专属的项目编号。

非物质文化遗产代表性项目中有众多内容与美食相关，譬如第二批中编号为Ⅷ–167的项目是由北京市全聚德（集团）股份有限公司申报的烤鸭技艺（全聚德挂炉烤鸭技艺）、北京便宜坊烤鸭集团有限公司申报的烤鸭技艺（便宜坊焖炉烤鸭技艺），编号为Ⅷ–233的项目是山东省德州市申报的德州扒鸡制作技艺。再譬如关于酿醋技艺分别在第一批、第二批、第四批和第五批中共计有8个项目，关于酒酿技艺分别在第一批、第五批中共计有11个项目。

本书立足于巴蜀文化的背景，在我国目前的非物质文化遗产代表性项目名录中梳理出了四川、重庆地区与饮食相关的非遗项目，参见表4-2。这些与饮食相关的非遗项目是巴蜀地区独特饮食文化脉络和风貌的重要组成部分，也为当代的美食文创产品提供了具有深厚文脉积淀的非遗素材。

表4-2 巴蜀地区饮食相关的国家非遗项目

四川省					
序号	编号	名称	公布时间	申报地区或单位	保护单位
1	Ⅷ-58	泸州老窖酒酿制技艺	2006（第一批）	四川省泸州市	泸州老窖股份有限公司
2	Ⅷ-64	自贡井盐深钻汲制技艺	2006（第一批）	四川省自贡市	四川久大盐业（集团）公司
3	Ⅷ-64	自贡井盐深钻汲制技艺	2006（第一批）	四川省大英县	大英县文物管理所（大英县汉陶博物馆）
4	Ⅷ-144	蒸馏酒传统酿造技艺（五粮液酒传统酿造技艺）	2008（第二批）	四川省宜宾市	四川省宜宾五粮液集团有限公司
5	Ⅷ-144	蒸馏酒传统酿造技艺（水井坊酒传统酿造技艺）	2008（第二批）	四川省成都市	水井坊股份有限公司
6	Ⅷ-144	蒸馏酒传统酿造技艺（剑南春酒传统酿造技艺）	2008（第二批）	四川省绵竹市	四川剑南春集团有限责任公司
7	Ⅷ-144	蒸馏酒传统酿造技艺（古蔺郎酒传统酿造技艺）	2008（第二批）	四川省古蔺县	四川省古蔺郎酒厂有限公司
8	Ⅷ-144	蒸馏酒传统酿造技艺（沱牌曲酒传统酿造技艺）	2008（第二批）	四川省射洪县（今射洪市）	舍得酒业股份有限公司
9	Ⅷ-152	黑茶制作技艺（南路边茶制作技艺）	2008（第二批）	四川省雅安市	雅安市非物质文化遗产保护中心（雅安市茶马古道研究中心）
10	Ⅷ-155	豆瓣传统制作技艺（郫县豆瓣传统制作技艺）	2008（第二批）	四川省郫县（今郫都区）	成都市郫都区食品工业协会
11	Ⅶ-88	糖塑（成都糖画）	2008（第二批）	四川省成都市	成都市锦江区文化馆
12	Ⅷ-156	豆豉酿制技艺（潼川豆豉酿制技艺）	2008（第二批）	四川省三台县	潼川农产品开发有限责任公司
13	Ⅷ-154	酱油酿造技艺（先市酱油酿造技艺）	2014（第四批）	四川省合江县	合江县先市酿造食品有限公司
14	Ⅷ-61	酿醋技艺（保宁醋传统酿造工艺）	2021（第五批）	四川省南充市	四川保宁醋有限公司

续表

四川省					
序号	编号	名称	公布时间	申报地区 或单位	保护单位
15	Ⅷ–148	绿茶制作技艺 （蒙山茶传统制作技艺）	2021 （第五批）	四川省雅安市	雅安市名山区非物质文化遗产保护中心
16	Ⅷ–272	川菜烹饪技艺	2021 （第五批）	四川省	四川旅游学院
重庆市国家级非物质文化遗产代表性项目名录					
序号	编号	名称	公布时间	申报地区 或单位	保护单位
1	Ⅷ–156	豆豉酿制技艺 （永川豆豉酿制技艺）	2008 （第二批）	重庆市	重庆市永川豆豉食品有限公司
2	Ⅷ–159	榨菜传统制作技艺（涪陵榨菜传统制作技艺）	2008 （第二批）	重庆市涪陵区	重庆市涪陵辣妹子集团有限公司

2. 美食非遗的传承与创新

　　与服装首饰类的商品不同，美食类商品代际属性的叛逆感其实非常低。我们经常形容一道菜肴非常美味"就像妈妈做的味道"，它包含了儿时童年记忆的美好。与服饰商品追求款式的新颖、新潮有所区别的是，消费者往往期望美食商品能够持久地保存它经典的原汁原味，就算创新也是在一定的范畴里对口味、风味进行微调。因此，将非遗美食纳入美食文创领域，一般针对其商品包装、食物形态与纹饰等方面进行创新，味道方面在保持传统配方基本不变的前提下进行谨慎的、有一定限度的、尝试性创新。因此，美食非遗的传承与创新这两大命题，传承的多是传统技艺及其经典风味，创新则多涵盖视觉审美的或功能性的要素。

　　或许对于美食非遗而言，食用就是对它最好的传承，持续食用就能促进美食非遗持续性地传承。

　　如图4-9所示，被列入安徽省省级非物质文化遗产的嵌字豆糖，是安徽黄山祁门县西部山村的一种传统糕点，迄今已有上百年历史。在整个中国，嵌字豆糖也只有古徽州祁门独有。嵌字豆糖的生产食物原料虽然不复杂，但其制作工艺繁琐且手上功夫要求高。和面调配好的糖条在老师傅的手中被拉伸，保证堆叠好的字形不变形，一刀切下，糖条中间的汉字清晰可见，一丝不乱。嵌字豆糖蕴藏的不仅是对传统文化的敬意，更传递了对未来生活的祈愿。糖中有字，字里含意，意间带甜，方寸之间，嵌字豆糖代替了语言为人们祈福。嵌字豆糖在纪录片《舌尖上的中国》中展示后，受到了广泛关注，成为具有高超传统技艺的典型糖品。想纳什么福，就吃什么糖——嵌字豆糖经过祈福寓意的创意加工、包装的设计改进，又成为颇为独特的、具有纳福意义的美食文创商品。

如果说嵌字豆糖成品模样的特殊性，在于对其制作技艺一丝不苟的保持与传承，那么人们更熟悉的糖画则需要在创新性上多加探寻。"扁平化"一直是市场上糖画的标准模样，而经过重庆工艺美术大师刘贵兵的创新，糖画开始有了立体、空心、整雕、浮雕等新颖造型，开启了3D糖画的创新道路。以勺为笔，以糖为墨，突破平面化的造型手法，通过各种组装拼接，形成别具一格的立体型的糖画（图4-10）。在他手下，不管是重庆老街古朴的吊脚楼还是现代城市直入云霄的高楼大厦都能通过晶莹剔透的糖浆呈现出来。3D糖画既是对民间糖画传统技艺的传承，又是在传统基础上的创新，运用新的造型语言去展现中国传统文化，同时也是用传统加创新技艺讲好新时代的中国故事。

图4-9 安徽省美食非遗技艺：嵌字豆糖

图4-10 重庆市非物质文化遗产传承人刘贵兵所作的3D立体糖画

第二节 以食物为主题的文创产品

一、外观仿真设计

区别于前一章节提及的以食物为载体的文创产品，以食物为主题的文创产品是指以食物为主题的文化创意产品，其最终的产品载体形式与介质领域通常已经不再是可食用的食物范畴，而是将食物范畴迁移到了用品范畴，诸如家居用品、玩具、文具等产品。从"食"到"用"，用意想不到的设计表现带给使用者以幽默诙谐、趣味盎然的消费体验，并进一步加深人们对食物主题的饮食文化印象。

1. 食物食材逼真再现

针对特定的食物或食材，采用恰当的制造方法，在其他产品使用功能的基础上逼真地再现出该食物的模样，此类方法可被称为高保真设计。所谓"高保真"是指能逼真地复刻出物品的样子。需要强调的是，这种逼真再现的创意设计方式，若用在逻辑吻合的场景，可以起到唤起追求美好生活的作用；但若该产品功能与食物形态并不契合，则往往是带有讽刺的、戏谑滑稽的设计表达。

美味食物是美好生活不能缺少的重要组成内容，而文创产品则是美好生活的调味剂。因此，将这两者进行结合，需要设计者仔细观察生活，洞察用户感官体验。

如图4-11所示，吐司面包纸巾盒的外观逼真程度几乎以假乱真。纸巾盒外观上选择方正有层次的椰蓉吐司面包。材质上使用耐用度较好的PU棉，整体呈现柔软的视觉，更接近真实面包的质感和触感。内部空间尺寸适配常用纸巾。该产品的品牌方"weiweiwei"诠释道："期许创造持久的产品，可以不受时尚或趋势的影响，尊重使用者、物品和时间，以幽默和超现实主义的方式巧妙地激发生活空间的活力，重新构想当下的感官体验。"

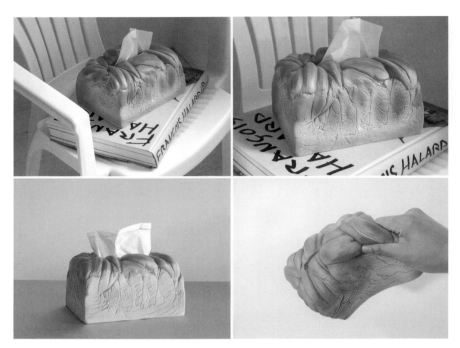

图 4-11 "weiweiwei" 吐司面包纸巾盒

美食是生活中的一个永恒主题，也是这款文创产品的立意所在。而面包与纸巾之间又具有通畅的使用逻辑，因此，使用高保真设计的方法，从产品到产品包装，其逼真的外观表面之下是设计师对食物与生活之间关系的细微体察。或许，从造型设计的角度来讲，对食物的逼真复刻与仿制似乎并不高明，它看似缺乏对设计元素的提炼和形态层次，但事实上，消费者之所以被这一类文创产品的造型打动，是因为食物表征背后是生活的缩影。如何通过设计赋予美好生活品质，这个问题本身就充满了哲理意味。正如食物设计的基础逻辑是饮食文化的支撑。

2. 食品菜品缩小仿真

除了对食物和食材的逼真复刻，针对食品类商品、菜肴菜品采用缩小仿真的形式设计经典文创纪念品也是比较常见的创意形式。这一类的文创产品以诸如冰箱贴、钥匙扣等小件纪念品类型最为典型。一方面，在外观形态上以表现食物主题为核心；另一方面，这些食物主题又具有比较强烈的地域文化特征。由于文创商品定位于旅游纪念品，因此，有地域特征的食物菜肴的外观与当地美食旅游资源形成直接的关联性。这

（a）东北风味的美食冰箱贴（品牌"懒蜂窝"）

（b）"立早记"四川风味的美食冰箱贴

图4-12

些文创商品的外观或是当地的经典菜式菜品，或是当地老百姓喜闻乐见的食品，或是当代代表性的风味小吃……可谓是缩小版的、可携带的模仿地域美食产品的实体化体现。如图4-12所示，东北风味的小鸡炖蘑菇、四川的火锅串串、新疆的缸子肉与馕、中国香港地区的菠萝油，用树脂材料制作成缩小版的纪念品，惟妙惟肖，直观展示了当地的美食风物。

二、材质置换创意

材质置换的创意方法是指用与该食物几乎没有任何关系的材料制作成相应的美食文创产品。利用这种外观材料的不相关性营造出一种与众不同、意想不到的视觉冲突感。然而这种冲突感源自用户日常生活经验在联想过程中的判断失效，从材质置换创意设计的某些角度上依然能找寻到一些逻辑联结。这种材质置换有下列几种常见创意联结点。

（c）新疆风味的美食冰箱贴（大巴扎售卖商品）

（d）中国香港风味的美食冰箱贴（香港旅游发展局）

图4-12　带有强烈地域饮食文化特征的美食文创纪念品

1. 质地特征

放大或突出食材的一些特征，选择制作的文创产品的材料有与之相类似的特征。譬如图4-13，使用聚酯纤维来设计一款大闸蟹毛绒挂饰，大闸蟹又名海毛蟹、毛蟹，螯足上密生绒毛。图4-13中的大闸蟹毛绒玩具，充分表现了螯足的绒毛特征。

2. 色彩特征

色彩是食物的一个典型特征，因此在创作对应的美食文创产品时，对该特征进行抓取后再结合产品形态，选择合适的材料来突显。将消费者对该食物特征的现有深刻印象移用到创意设计上。如图4-14是为麦当劳三十周年设计的纪念台灯，长短错落的水晶薯条，还原了薯条实物的红黄经典配色；图4-15是烤红薯和炒栗子毛绒玩具，食材鲜艳的颜色配合毛绒质地，传递出温暖感。

图4-13　"POPGREEN"的大闸蟹毛绒玩具

图4-14　麦当劳纪念台灯（牛油果设计NYGDESIGN）

图4-15　烤红薯和炒栗子毛绒玩具（dailywhite）

3. 外观特征

　　让产品的功能与食物元素的外观充分结合，使得文创产品的造型与食物形态具有统一性。其中，又可以分别从食物的整体造型、局部外观和食用形态这三个微观层面表现外观特征，如图4-16所示。①整体造型。文创产品呈现的样子就是食物的模样。图4-16中饼干形式的文创便签本的封面为一块饼干，白色内页宛如饼干的夹心层。②局部外观。日本青山县的"苹果皮"文创围巾，是针对该地区的苹果产业推出的经典"农创"产品。③食用形态。海底捞出品了一款类似打地鼠游戏的弹跳玩具。这些"食材"嵌入火锅造型的玩具中,"食材"弹出降下的过程如吃火锅的过程。

（a）奶油饼干便签本　　　　　（b）苹果皮围巾　　　　　（c）火锅弹跳玩具
（D-BROS设计）　　　　　　（日本青山县农创）　　　　（海底捞美食文创）

图4-16　突显外观特征的美食文创产品举例

三、功能趣味表达

工业设计发展史上有关于"形式追随功能"的经典议题。前述的材质置换的创意方法总的来讲是基于外观视觉的维度,那么,除了外观形式之外,从使用功能角度出发来探索置换创意,或许能赋予美食文创产品更多意想不到的亮点。将食物的外观设计为与之没有关系的其他功能的产品,而这些完全具有新功能的产品,是对食物形态的客观解读,即充分利用食物造型能实现该功能。这种功能置换效果相比材料置换来讲,是对食物进行"使用"而不是"食用",多少具有了一些解构主义的味道,因此更具有趣味性。

日本零食大厂"明治"携手日本创意概念设计师米吉尔（ミチル,Michiru）,将旗下四款颇具人气的零食商品进行了概念设计,成为"架空商品",包括:香菇巧克力蓝牙耳机、牛乳瓶修正液、巧克力贴纸、超级杯冰激凌风扇（表4-3）。例如作为明治零食商品体系中的闪亮招牌,香菇巧克力饼干凭借小巧可爱的造型收获不少人气。香菇的大小与常见的蓝牙耳机造型相似,试着放进耳朵中,就会变成让人想多看一眼的无线蓝牙耳机;饼干的外盒则变身为耳机收纳盒;经典蓝白色外盒包装的明治美味牛乳,被等比例缩小成迷你版修正液,而原先的瓶口被设计成挤压结构,方便随时涂抹错字。这波美食文创产品设计的概念营销，迅速引起了众多消费者的关注，诸多零食爱好者纷纷喊话希望这些美食文创产品得到量产。

表4-3　日本明治推出的美食主题文创产品

概念设计	文创产品图例	食物元素	产品功能
香菇巧克力蓝牙耳机		香菇巧克力饼干、饼干盒	蓝牙耳机、耳机收纳盒
牛乳瓶修正液		明治美味牛乳	方便挤出的修正液
巧克力贴纸		明治牛奶巧克力	邮票外观的贴纸
冰激凌风扇		明治超级杯香草冰激凌	手持小风扇

这些美食文创产品的概念设计之所以收获了数量众多的拥趸，绝不仅仅是外观好看那么简单。就美食文创产品来讲，这些产品做到了产品的形式与功能的巧妙契合，对食物形态的创意转化充分地响应了产品新功能，并满足了用户的需求。形式与功能的结合并没有违和感，例如冰激凌杯造型的手持小风扇，勺子成了扇柄，吹出的风都具有甜美的香草味。挤出的修正液的液体是白色的，与牛乳的颜色看上去相似，而挤出

口的盖子与牛乳盒盒盖的形式也基本一致。这种功能置换"巧妙"又别具一格，是对形式功能契合联结的细致洞察，也表现了设计师童心般的视角。这些食物天天见，人们已经习以为常，而食物设计师需要用设计思维重新审视这些日常食物，以不同的创新路径去挖掘被人们忽视的品质，并进一步进行创意转化。

第三节 食物视角的农创产品

一、农创与农创产品

1. 从创意农业到农创产品

"农创"是一个并不算规范的缩写称谓，因此可能存在不同产业视角下的不同解读和界定。"创"在比较早之前是指"创收"，后来又指"创业"，包括从事农、林、牧、副、渔业及混合农业的生产创业。随着我国乡村振兴战略的提出，以及农业与旅游的融合推进，立足于文化创意产业，农创中的"创"，目前多指"创意""创新"。比如"农创经济"的提出，是农业科技与生活艺术有机结合的产物，是第一二三产业融合的关键思维，是以产业链为基础，以品牌为特色的经济形式。

发展乡村旅游是国家大力实施乡村振兴战略的一项举措，"创意农业"概念的提出，无疑催化着乡村旅游的创意发展。创意农业是以创意生产为核心，以提升农产品附加值为目标，指导人们将农业的产前、产中和产后诸环节连接为完整的产业链条，将农产品与旅游、文化、艺术创意结合，使其产生更高的附加值，以实现资源优化配置的一种新型的农业经营方式。

发展创意农业对我国农业发展意义重大。当前，创意农业常见的有下列几种模式，分别是：①农产品深度开发模式。通过栽培创意、研学创意、包装创意、用途创意、亲子创意等各种手段，改变农产品传统的食用功能和常规用途，使普通的农产品变成身价倍增的纪念品甚至是艺术品。②资源循环利用模式。利用好农业生产过程中以往被当作废弃物的副产品，对其形、色、物质材料及精神文化元素进行巧妙开发或创作，变废为宝，制成富有创意的实用品或工艺品。如用农作物秸秆作画、编手提袋等。③农业主题公园。农业主题公园是按照公园的经营思路，把农业生产场所（包括新品种、新技术展示）、农产品消费场所和休闲旅游场所结合在一起，对农业主题文化进行充分挖掘展示，创造出特色鲜明的体验空间，兼有休闲娱乐和教育研学的双重功能，使游客获得独特游览经历。④农田景观。农田景观创意就是利用多彩多姿的农作物，通过设计与搭配，在较大的空间中形成美丽的景观，将农业的生产性与审美性结合，成为生产、生活、生态三者的有机结合体。⑤科技创意。科技创意是指利用现代科技手段对农业生产方式进行创新，改变传统农业在人们心目中的固有形象。⑥农业节庆开发。在农业生产活动中开发节庆活动，是体验式、休闲式、消费式相结合的农业创意产品，常常兼具吃、玩、赏、教等多项功能。具体包括农作物类节庆、动物类节庆、民俗文化类节庆、综合活动开发类节庆等形式。⑦创意乡村旅游。创意农业可以将乡村旅游、文化创意产业和农业形成联结。其中，乡村旅游已经向新时代的更高阶阶段发展。之前的乡村旅游业态相对比较单一，均是相似的农家乐、度假村形态，特色性单薄。创意农业视域下的乡村旅游，则促成了创意乡村旅游。它是以创意为前提发展乡村旅游，需要在发展理念、农产品设计、特色景观开发、独特手工艺等方面结合乡村发展的特点，不断融合出一条有特色的乡村发展道路，探索出一条农创经济之路。

2. 发展农创经济

创意农业扎根于乡村，面向自然、文化、未来，以产业融合为导向，以创业创新为手段，包括适度的人口聚集区、新型的居民群体、舒适的人居环境、优美的村落风貌、良好的文化传承、鲜明的特色模式、持续的发展体系等七大要素，涵盖"新农民、新农村、新农业"三大方面，以获得农业生产职业化、生活方式休闲化、基础设施生态化、服务管理专业化、居住环境野奢化五大效果。

新时代的乡村振兴需要将农民现代化、农村现代化和乡村文化现代

化结合，才能真正实现农业现代化，才能真正实现农创经济的可持续性
发展。农创经济是根植于乡村振兴土壤，充分与文化产业深度融合的一
条农民、农村、农业协同发展的乡村现代化道路，农创经济的体系如
图4-17所示。

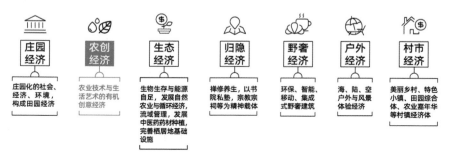

庄园经济	农创经济	生态经济	归隐经济	野奢经济	户外经济	村市经济
庄园化的社会、经济、环境，构成田园经济	农业技术与生活艺术的有机创意经济	生物生存与能源自足，发展自然农业与循环经济，流域管理，发展中医药材种植，完善栖居地基础设施	禅修养生，以书院私塾，宗教宗祠等为精神载体	环保、智能、移动、集成式野奢建筑	海、陆、空户外与风景体验经济	美丽乡村、特色小镇、田园综合体、农业嘉年华等村镇经济体

图4-17　农创经济的体系（本图引自"创意乡村"）

3. 关于农创产品

"农创产品"，字面上理解是"农产品 + 文创"。这里所说的农产品，
多是指农作物或农作物加工后的产品。所以有的人认为，所谓"农创产
品"无非是简单地把农产品与文创结合。比如，把农产品的包装做得有
设计感，把农民制作的手工艺品通过手作绘画变得漂亮些。但实际上，
这些举例恰恰是"农创产品"还处于初级阶段的表现。这样的"农创产
品"并不会明显拉长农业产业链，农产品的附加值增加有限，产业结构
不能得到很好的优化。

从广义上看，"农创产品"可以是农产品产业链上所涉及的所有产
品。"农创产品"应该是围绕大农业概念，基于所在地的乡村文化，以
农民为主体而展开的农创经济中的一环，包括品牌、IP、创意、设计等
全方位、立体的构建，其中既包括针对乡村文化和农业产业而转化的各
种传统农产品、深加工食品、手工业产品、非遗手工艺产品，也包括文
旅周边文创商品。它们与文化创意产业的结合，通过对产品的视觉化体
系、功能设计的重塑，增加农产品、手工业产品的附加值，能够拉长农
产品、传统手工业产品的产业链，进一步丰富乡村旅游和乡村产业的业
态形式，涉及的行业有农业生产、加工制造、创意设计、传媒营销、节
事策划、互联网等，这些多元业态意味着新的就业岗位，能够吸引更多
有志年轻人到农村工作，真正地从产业生态链角度助农增收、助民创

业、助企升级，农村或将成为新的就业沃土。

"农创产品"以打造产业链、创业扶持、品牌渠道建设等多种方式，开启一种新的乡村产业发展模式，重塑地方经济的发展，助力国家顺利实施乡村振兴战略、品牌强农计划。优秀的"农创产品"在保证质优的基础上，还应该具有实用价值、合理的价格、鲜明的在地性乡村文化特征、较高的品牌认知度、突出的乡村IP认可度。

二、农创产品开发的旅游商品化

农产品1.0阶段，是以往所说的农副产品，即初级加工后的甚至是原生态的农产品销售；农产品2.0阶段，开始将农产品与文化创意进行结合，重视商品包装、农产品的品牌构建；农产品3.0阶段正式步入了农创产品的探索阶段，不仅仅局限于单一的农业产业维度，还与乡村旅游结合促成文旅产业融合，与电商直播平台合作促成互联网行业的加入；当农产品进入4.0阶段，则是对农业、农产品的深层次开发，追求品牌溢价和IP属性、注重文化特色的价值加持，同时开始与科技行业携手进行更加多元的新业态探索。由于我国各地经济发展水平尚不均衡，各个乡村地方在农创产业开发的摸索上处于前述的2.0与3.0过渡阶段，创新水平参差不齐。要让农创产业具有可持续性，需要包含创意设计师在内的所涉及各行业专业人士的指导与参与。那么，回到食物设计探讨的范畴，在1.0阶段农产品本身就属于食物与食材的内容形式，而除此以外的其他阶段，农创产品可以高效地参与到文旅商品开发中，形成各种特色鲜明的农创食品以及更广义的周边商品。

农创产品开发的旅游商品化，是当前阶段推进农产品提档升级的高效路径之一，同时也是拓展创意农业影响力，延长产业链的有效方式之一。从文旅产业角度来讲，农产品本身属于旅游商品的重要品类。以旅游业界比较有名的中国特色旅游商品大赛为例，最新的2023年中国特色旅游商品分为25大类，参见表4-4。从第十七类往后，众多商品都与农产品有着诸多关联。例如谷物类制品、干/蜜制蔬菜类制品等都属于加工的农产品，当被赋予旅游特征属性后，又是旅游商品。

表4-4　2023年中国特色旅游商品大赛的分类及范围

类别分类	范围内容	备注
第一类 旅游文化创意 日用陶瓷和玻璃类	旅游文化创意日用陶瓷类是指利用地域特色文化，创意设计的、工业化生产的、日常生活用的陶瓷制品。包括：日常用的陶瓷家居用品、办公用品、车载用品等。陶瓷包括：陶器、瓷器、砂器等。 　如：餐具、茶具、咖啡具、酒具、洗漱具、瓶、文具、陶瓷刀等。 旅游文化创意日用玻璃类是指利用地域特色文化，创意设计的、工业化生产的、日常生活用的玻璃制品。包括：日常用的玻璃家居用品、办公用品、车载用品等。 　如：餐具、茶具、咖啡具、酒具、洗漱具、瓶、文具等	
第二类 旅游文化创意 日用金属品和石质品类	旅游文化创意日用金属品是指利用地域特色文化，创意设计的、工业化生产的、日常生活用的金属制品。包括：日常用的金属家居用品（含厨房用品）、办公用品、车载用品等。 旅游文化创意日用石质品是指利用地域特色文化，创意设计的、工业化生产的、日常生活用的石质制品。包括：日常用的石质家居用品（含厨房用品）、办公用品、车载用品等	
第三类 旅游文化创意 日用竹木品类	旅游文化创意日用竹木品是指利用地域特色文化，创意设计的、工业化生产的、日常生活用的竹、木制品以及衍生品。包括：餐具类，如筷子、碗、碟等；办公类，如竹、木办公用品等；小型家居类，如灯具、垫、瓶、盒、罐等；纸制品类，如本、书画纸等；文具及其他生活器具	不包括：家具、根雕、箱包、书画、图书等
第四类 旅游文化创意 日用合成品类	利用地域特色文化，创意设计的、工业化生产的、日常生活用的合成材料。如：日常用的小型家居用品、办公用品、车载用品、一次性用品等	不包括：箱包、鞋帽、首饰等
第五类 旅游文化创意 日用香品类	旅游文化创意日用香品是指利用可以被人的嗅觉感觉到香味的物质制作的各种形态不同的单品香、和合香、线香、盘香、香油膏、香水、香囊、香薰等	不包括：用于美妆护肤的香水等
第六类 旅游纪念品类	旅游纪念品是指具有长期纪念意义的小型低值旅游商品	
第七类 旅游传统工艺品和旅游现代工艺品类	采用传统工艺，以手工制作为核心的，体现传统文化的传统工艺品，体现现代艺术的现代工艺品等。包括：陶瓷工艺品、雕塑工艺品、玉器、织锦、刺绣、印染、手工艺品、花边、编织工艺品、地毯和壁毯、漆器、金属工艺品等，花灯、屏风、彩绘泥塑、面塑、装饰性工艺品摆件、各种装饰工艺品挂件等，皮影、木偶、风筝、空竹、风车等	不包括：箱、包、帽、首饰、玩具、各类书画等

续表

类别分类	范围内容	备注
第八类 旅游电子和电器类	旅游电子包括：个人可穿戴设备、手机和计算机外围设备等。个人可穿戴设备包括：智能手表、智能腕带、智能眼镜、智能头盔、智能头带、智能鞋、智能书包、智能拐杖、智能配饰等。 旅游电器包括：小型旅游电器，包括小型制冷电器、车载冰箱、车载冷饮机等。 小型空调器，包括小型的空调器、电扇、冷热风器、空气去湿器等。 小型清洁电器，包括电熨斗、小型吸尘器等。 小型厨房电器，包括小型的电灶、微波炉、电磁灶、电烤箱、电压力锅、电饭锅、电热水器、食物加工机等。 小型电暖器，包括电热毯、空间加热器等。 小型整容保健电器，包括电动剃须刀、电吹风、小型的整发器、超声波洗面器、电动按摩器等。 小型声像电器，包括微型投影仪、小型的电视机、收音机、录音机、录像机、摄像机等。 其他小型电子文具及其他生活电器	
第九类 露营旅游装备和体育旅游用品类	照明类（头灯、手电、营灯等）。 炊具类（烧烤炉、套锅等）。 水具类（户外水壶、水袋、净水器等）。 野营类（睡袋、帐篷等）。 交通类（自行车、登山杖、指南针等）。 其他类（折椅、运动手表、望远镜等）。 园艺工具类（水枪、铲、扒、锹、盆、桶等）。 体育用球类（篮球、足球、羽毛球、乒乓球等）。 其他个人旅游携带的体育用品	不包括：旅游个人穿着、箱、包、鞋、帽等
第十类 旅游服饰类	旅游服饰是指以丝绸、棉、麻、化纤和皮毛等为原材料的工业化生产的发饰、镜饰、颈饰、肩饰、胸饰、腰饰、臀饰、臂饰、腕饰、手饰、腿饰、脚饰及袜子、手套、围巾、领带、腰带等	不包括：服装、鞋、帽、箱包等
第十一类 旅游家居纺织品类	旅游家居纺织品是指以丝绸、棉、麻、化纤和皮毛等为原材料，工业化生产的床上用品（套罩类、枕类、被褥类等）、洗漱厨房纺织品、家具纺织品（靠垫、坐垫等）	不包括：服装、鞋、帽、箱包等

类别分类	范围内容	备注
第十二类 旅游箱和包类	箱包括：拉杆箱、手提箱等。 包包括：手提包、手拿包、背包、单肩包、挎包、腰包、购物袋等	
第十三类 旅游鞋和帽类	以丝绸、棉、麻、毛、皮、化纤等为原材料的工业化生产的鞋、帽	
第十四类 旅游美妆护肤和个护清洁类	以护肤、美容、修饰、防护抑菌为目的而利用当地特色物产制作的日用天然或化学的工业产品和洗护身体、衣物的日用天然或化学的工业产品	
第十五类 旅游首饰类	以各种金属材料，宝玉石材料，有机材料以及仿制品等加工而成的雀钗、耳环、项链、戒指、手镯等装饰人体的装饰品	
第十六类 旅游玩具和宠物用品类	旅游玩具是指具有娱乐性、教育性、安全性，供玩耍游戏的工业化生产的器物，包括：拼图玩具、游戏玩具、数字算盘文字玩具、工具玩具、益智组合玩具、积木、交通玩具、拖拉玩具、拼板玩具、卡通玩偶等。 宠物用品是指国家允许饲养宠物的附属用品，包括狗、猫及其他小动物的附属用品	不包括宠物食品、宠物药品
第十七类 旅游休闲食品类	旅游休闲食品指经过加工的、有包装的、打开包装即可食用的、具有地方独特风味的、固体状的，人们在休闲时食用的食品。包括：谷物类制品（膨化、油炸、烘焙）、果仁类制品、薯类制品、糖食类制品、派类制品、肉禽鱼类制品、干/蜜制水果类制品、干/蜜制蔬菜类制品、海洋类制品	
第十八类 旅游方便食品类	旅游方便食品指开包即食的，或加水、或加热后随时随地食用的食品。包括：方便面、方便米粉、方便河粉、方便粥、方便菜、自热饭、自热汤、自热粥、自热火锅、罐头等	
第十九类 旅游佐餐食品类	旅游佐餐食品指经过加工的、有包装的、开包即食的，且用于吃主食时的下饭食品。包括：香肠、火腿、烧鸡、扒鸡、熏鸡、烧鸭（鹅）、酱菜、酱肉、卤肉等	
第二十类 旅游调味品类	经过加工的、有包装的、即食的油、酱油、醋、酱、乳等，以及速食类的调味包等	不包括：花生油、豆油、菜籽油、玉米油、葵瓜子油、调和油、色拉油等

续表

类别分类	范围内容	备注
第二十一类 旅游茶品类	茶叶和其他以果实、花、叶类等冲泡制品。包括： 基本茶类，如绿茶、红茶、乌龙茶、白茶、黄茶、黑茶。 再加工茶类，以各种毛茶或精制茶再加工而成的，包括花茶、紧压茶、萃取茶、果味茶等。 类茶类，类茶植物加工制成的，不是真正的茶。包括：枸杞茶、杜仲茶、黄芪茶等	
第二十二类 旅游冲调品类	旅游冲调品是指经过加工的、有包装的、固体或半液体的、即冲即饮的食品，包括：奶粉、咖啡、果珍粉、奶茶粉、豆奶粉、蜂蜜等	
第二十三类 旅游水饮品类	旅游水饮品是指经过加工的、有包装的、可以直接饮用的液体食品，包括水、饮料等	
第二十四类 旅游烈酒类	旅游烈酒指地方特色的高浓度的烈性酒。包括：中国白酒、伏特加、威士忌、白兰地、朗姆酒、龙舌兰酒、杜松子酒等	不包括：药酒
第二十五类 旅游低度酒类	旅游低度酒指地方特色的酒精含量在20度以下的酒。包括：黄酒、葡萄酒、啤酒、米酒、香槟酒、果酒等	不包括：药酒

三、农创产品的食物设计

1. 农创食品的设计

食品是农产品深加工后的商品，又是农创产品中非常重要的类型。农创食品的设计有以下几个方向。

①农产品包装运用插画设计。使用插画设计，换新传统的农产品售卖包装，赋予与时俱进的审美。需要注意的是，目前插画愈发有滥用的趋势。许多设计师并没有充分考虑到农产品销售的需求，一味地追求插画本身的漂亮，没有仔细地思考如何以突显农产品特征作为设计出发点。

②物产IP形象化。优质的农产品是一种地理标志产品。地理标志产品，是指产自特定地域，该产品的质量、声誉或其他特性本质上取决于该产地的自然因素和人文因素，经审核批准以地理名称进行命名的产品。因此，将乡村物产所蕴含的地域文化进行IP形象转化既可以起到品牌视觉构建的作用，又可以有效地增加记忆点。如图4-18所示，"寻找远方的美好"是由阿里巴巴设计师发起的，协同阿里巴巴乡村振兴基

金，为县域做整合设计，用设计力量助力乡村发展的公益项目，一直以来用设计赋能中国美好乡村的物产销售和文旅商品。该项目产出了许多颇具特色的农产品IP形象。

③农副食品突出食材原材料。由于涉农食品的特殊属性，往往需要突出其食材的新鲜、品质、品相等方面的特质。因此农副食品的设计应在创意包装的基础上突显这些特质。如图4-19所示，蔬菜包装兼顾了视觉创意与农产品属性。

④消费群体年轻化。当前农创产品无论是针对满足新消费需求而开展的产品研发，还是针对传统农产品展开的视觉设计，都开始重视年轻消费群体的偏好。使用年轻人的造型语言去传达产品特征。农创产品的年轻化设计不仅指包装层面的创新，更重要的是，针对年轻群体的消费习惯与行为动机，挖掘其消费痛点，进而结合农产品深加工进行"新物种"转化。譬如迅猛出圈的"一整根"饮料（图4-20），专门针对年轻人既要熬夜又想养生的需求而开发的创意饮品，饮料中有一整根人参，外观看起来尤为新奇，文案宣称可以加温水自由续杯8次，这款饮品很快走红迅速脱销。

图4-18 "寻找远方的美好"项目中的IP形象

图4-19 泰国Vertigreens创意蔬菜包装设计

图4-20　"一整根"饮料

⑤消费场景便携。如表4-4可以反映出，深加工农产品的零食化、佐餐化、快餐化和即食化，能让农创产品与旅游商品形成品类无缝对接。因此，就必须充分考虑旅游消费场景中的便携需求，一是分量分割，形成少分量或小剂量；二是饮食方式追求卫生方便；三是高效实现即时消费、即时尝鲜。如图4-21所示，这款三文鱼的食品包装设计，可像薯片抽屉盒一样拉开，盒中的三文鱼可方便食用，成为颇具特色的旅游休闲类食品。

图4-21　挪威KARMOY鲑鱼食品

2. 农创周边的创意开发

目前许多项目方一提及乡村旅游相关的农创产品开发，往往就是对农产品进行包装设计，甚至是套路化地运用插画。农创周边产品的创意设计易被忽略，应拓展更丰富的产品品类与乡村文化、农业物产结合，充分提炼农产品食材原料的外观特征，以完全不同于农产品食物品类的产品作为载体，设计出更多有趣且意想不到的周边文创产品。例如日本设计师米吉尔将农产品"大葱"作为主题，设计了一系列有趣的农业物产创意产品。如图4-22所示，大葱模样的文创印章、大葱断面的糖果、大葱造型的细面条、大葱色彩的线香，这些文创产品仿佛莫名有着一股浓郁的大葱香味。

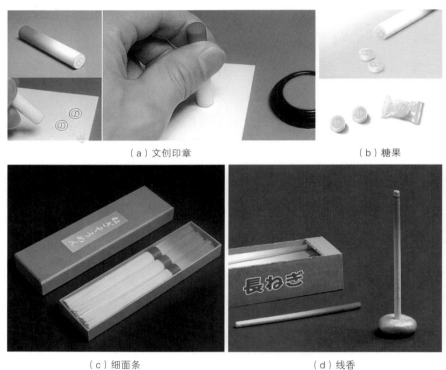

（a）文创印章　　　　　　　　　　　　　（b）糖果

（c）细面条　　　　　　　　　　　　　（d）线香

图4-22　针对大葱农产品的文创周边设计（日本设计师米吉尔）

第五章

价值共创:
食物设计趋势

第一节　价值共创与体验价值

一、美食创作中的价值共创

1. 关于价值共创

价值共创（value co-creation）最早出现在管理学研究体系中，不同于传统的生产模式，互动是其核心。早在19世纪就出现了价值共创思想，到了20世纪60年代，经济学中出现了"消费者生产理论"。它作为一个理论分支，用经济学术语阐述了消费者在价值创造过程中所起的作用。《从价值链到价值星系：设计互动战略》一文指出，成功的企业不仅仅是增加价值，更是着眼于能够创造价值的系统本身。这一系统内不同的经济行为主体（供应商、合作者、经销商、消费者等）共同创造价值，通过主体身份的重塑与组合实现系统成员共同创造价值。这是最早对价值共创概念的系统阐述。价值共创目前已经逐步成为被广泛接受的商业理念，它强调企业与消费者之间的合作与共同创造价值。在传统的商业模式中，企业通过生产和销售产品来获得利润，而消费者只是被动地购买和使用产品。而在价值共创的模式下，企业和消费者共同参与产品的创造和提升过程，从而实现双方的共赢。

价值共创理论目前分为"基于消费者体验的价值共创理论"和"基于服务主导逻辑的价值共创理论"这两大主流观点。虽然对价值共创的概念在表达上存在差异，但其核心是基本一致的：企业与利益相关者通过合作，整合彼此资源实施价值创造，共享价值创造的利益。价值共创理论强调企业必须从"以企业为中心"的单边范式转向"企业—消费者合作"的交互范式。

可以看到，关于价值共创的主要阐述中消费者和企业的角色被重新定义。不再是简单的买卖关系，而是合作共赢的伙伴关系。比如早年小米产品的更新迭代就得到了粉丝诸多好的建议，公司再根据这些建议去改良产品，因此得到更多受欢迎的产品。整个过程里企业不再是唯一的主导者，消费者在其中也起到重要作用，这个过程实现了企业—消费者价值共创。企业不再是产品价值的核心，消费者也不再是被动接受，双方变成了合作关系。

当前较新的价值共创理论提出并开始实践消费者与消费者之间的价值共创，即所谓的 P（people）to P（people）端赋能，比如比较成功的案例是短视频平台，所有人都是平台的用户，有人创作发布视频获得粉丝、知名度、经济收益，有人观看视频获得好心情、学到东西，观看用户也为视频创作者提供意见、需求、疑问等，平台也获得了自己的收益。这个过程就是典型的价值共创。

2. 价值共创驱动美食创新

从价值内涵来看，一般认为存在使用价值（value-in-use）和交换价值（value-in-exchange）。使用价值表示某些特定的物品效用值，交换价值表示物品可用来购买其他产品的能力。传统商品强调交换价值，随着价值共创研究的发展，商品所强调的价值内涵也随之发生变化，价值的内涵不断拓展，除了交换价值和使用价值，还包括体验价值、情境价值、社会情境价值和文化情境价值等。价值共创带来了巨大的创新能量，这也深刻地影响到了食物创新以及食物设计相关的领域，也赋予了食物设计新的设计趋势与新的发展动态方向。

短视频平台与直播是目前具有较强经济效益变现能力的价值共创模式。Mob研究院发布的《2023年短视频行业研究报告》显示，在众多短视频题材内容中，美食类短视频在各个年龄段中都大受欢迎（图5-1），平均占比65.9%。音乐、影视分列第二和第三。同时美食类题材也是最受欢迎的拍摄题材，占比44.3%。由此可见，美食主题拥有近乎天然强大引流作用的内容共创优势。

李子柒短视频的全网火爆是典型的例子，通过创作与中国风的"田园文化""美食文化"相关的视频，2020年李子柒在YouTube单一平台上的粉丝数突破1000万，影响力甚大。其多条视频以美食为主要脉络，向海外网友展现了中国乡村、中国传统文化，以及美食文化，深受海外网友的喜爱。2020年12月，一篇名为《李子柒怎么就不是文化输出了？》的文章在互联网上广泛传播，由此引发了一场关于"李子柒是不

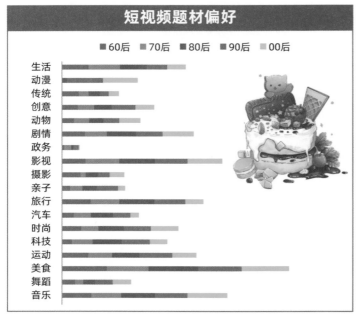

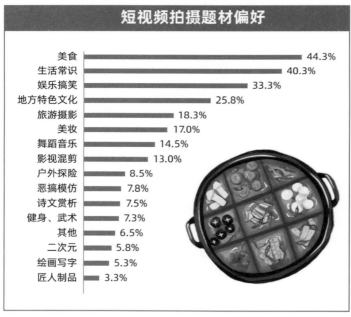

图5-1 短视频观看题材偏好与拍摄题材偏好（《2023年短视频行业研究报告》，数据来源：库润数据，报告来源：Mob研究院）

是文化输出"的全民讨论，一度堪称当年现象级的文化事件。

巨大的引流作用以及成功的经济效益转化已实现，共创价值驱动着众多博主不断地进行美食创作。从美食创作角度来讲，李子柒的视频包罗万象，不仅仅是美味美食，里面还有诸多美器、美境。

商业化是内容平台的必经之路，而电商化是较理想的选择。目前直播电商是内容平台电商化进程中率先跑通的一种商业路径。自2023年开始，品牌自播直播成为一股新的势力风潮，团购自播直播也在不断壮大。飞瓜数据显示，2023年6月团购自播号环比增长超64%，团购自播直播场次增幅超144%。其中，美食、游玩/住宿、休闲娱乐成为目前入场团购自播最多的商家，"商家自播＋达人推广"的方式共同推进了短视频团购生态的多元发展。美食再次成为各行业自播号的第一名。互联网为P端赋能，正成为当下价值共创的现实体现，或许也是未来几年互联网行业发展的趋势。在此逻辑下，价值共创或许也是移动互联网发展新阶段背景下美食创作的特征趋势。

二、食物设计的体验价值

1. 餐饮消费里的价值共创

价值共创的早期思想萌芽于共同生产，正式开始于顾客体验，发展于服务主导逻辑，服务生态系统视角的价值共创受到广泛关注。顾客体验视角的价值共创强调顾客体验形成的过程就是企业和顾客共同创造价值的过程，将关注点从交换价值转换为顾客体验价值。因此，价值是在顾客对产品的个性化体验过程中与企业共同创造的，顾客互动、个性体验是价值共创实现的特有因素。在食物设计框架下探讨这种价值因素，有必要充分考虑餐饮产业中消费驱动的深度浸润，即回归到消费领域去着力思考体验重塑。餐饮消费还有一个特殊之处在于，饮食行为的主动性。只要顾客在餐饮消费过程中对价值创造发挥了作用，有的价值共创的研究者就会将其归为共创价值的范畴。消费者不是被动的信息接收者，而是消费过程的主动参与者，以此为基点，企业或品牌方与消费者之间的良性互动将成为价值生产的核心。另外，体验是消费者的主观感受，离开了个体消费者的积极主动配合，体验价值无从谈起，这种价值创造的本身就说明了消费者的作用非常重要，一些研究也将体验价值归为共创价值的内容之中。因此，共创价值产生于消费领域。餐饮消费更是如此，而且非常常见。例如，当一道菜肴或饮品，无论是创作前期还是创作过程中，可能都有消费者、食客等的参与。而在上新之后，根据如今的信息传播特征，更是需要众多消费者的宣传。餐饮消费早已不能囿于线下店面的消费，它还包括线上消费（如点外卖、团购、直播等）和以消费为导向的各种媒介宣传（包括点评、弹幕互动等）。它是一种新型的价值创造形式，具有跨平台和跨媒介的特征，当然，也有着跨维度的体验。由此，对于食物设计来讲，需要正视食物和餐饮消费蕴含的共创价值，并积极抓取其中的体验价值进行转化运用。

2. 食物设计蕴含体验层次

食物具有满足人们为了生存获取能量的基本生理价值，食物设计则蕴含各类体验价值。有的研究者认为食物设计的体验层次是金字塔结构。在这样的结构设想下，食物设计作为"舌尖上"的设计，其独特性置于金字塔上又似乎存在着一定的缺陷性。例如，就竞争异常激烈的餐饮行业来讲，消费者体验毫无疑问是至关重要的。但根据实际市场反馈，无论餐饮空间多么有格调、餐具器皿等美器如何精心挑选，又或肴馔的主题蕴含文化故事，但是最终都要归根于有好的味道才能获得消费者的持久性认可。但凡忽略了味道而追求其他所谓更好层次体验的餐饮商业，很快就偃旗息鼓了。由此，金字塔结构无法很好地阐释这种现象。这似乎是一种"味道疑惑"：在该金字塔结构中，味道并不占据高位，但离开味道的各种餐饮消费服务又难以获得持续成功，获取美味的官能体验又扮演着核心作用。

消费领域共创价值中的价值主体也可以是消费者、企业或员工。但首先应该是消费者价值，并且主要表现为消费者的体验价值。当然，根据食物设计的界定，食物设计并非指餐饮行业领域中的设计，所有研究回归到用户体验的理论视角，将消费者的体验价值作为核心，这一观点依然成立，而消费者体验价值又蕴含了诸多体验层次。笔者针对前述金字塔结构较难阐释的"味道疑惑"，尝试着提出了如图5-2所示的另一种体验层次结构，类似一种对称金字塔的形式：在下端部分，最基础的依然是生理层次，往上则是官能层次，不仅仅是味觉的感官获取，还包括了嗅觉、触觉等，这与前述创新路径一致。再往上则是精神与情感层次、文化层次。该结构模型中若没有下端的存在，上端部分也无法立足。即上端部分不能脱离下端部分而单独存在。这一结构或可以解释"味道疑惑"。高层次的餐饮消费体验不能割裂基础的体验层次。

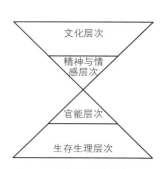
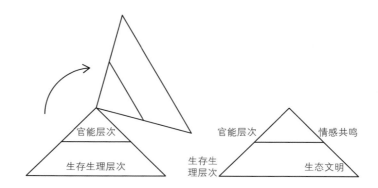

图5-2　食物蕴含消费体验层次解读

当上端部分倒影隐射到下端时，精神与情感层次和官能层次叠加，而文化层次则与基础的生存生理层次叠加。美味可以带给消费者精神愉悦，味道可以引发其回忆或联想，除了味觉以外的其他感官也可以让官能层次与情感层次产生深度联结。文化层次分为社会文化与生态文明，在一般的金字塔结构中位于最高位，在对称金字塔结构中也同样在高位，旋转隐射于生存生理层次，亦说明了生态的重要性，生态是人们赖以生存的重要基础。此外，饮食的发展史几乎可以说与人类的文明进程同步。无论是生态文明还是社会文化，对于食物设计来讲文化层次并不是绝对的最高层，它与看似位于底层的体验层次有着诸多不可割裂的关联。

三、饮食消费迈向体验共创

消费活动也是一种群体性行为，他们的购买行为、购买体验和满意水平受到其他消费者的影响。有关于餐馆的餐饮消费研究表明，就餐同伴之间的关系及所有消费者创造的消费氛围决定了顾客的体验价值和满意水平；消费者在网络空间中，利用三维技术，通过叙事和故事能够创建网络虚拟社会，消费者在这种虚拟社会中进行生活式消费，获取幻觉和趣味性体验。这些都是消费领域共创价值的最好诠释。消费者社群创造价值是消费领域共创价值的集中反映。为了创造这种价值，消费者需要产品平台以及企业的事先组织。因此，其体现的还是共创价值，而不是消费者单边创造价值，它以消费者为中心，消费者发挥主要作用。

例如，演绎"唐朝甜品"的各种国风点心（如唐果子）不光是满足人们舌尖上的味蕾需要，还能带来审美的视觉愉悦，它本身已经超越了饱腹的需求，在一定程度上代表着当代甜品师对中华传统饮食文化的想象力。对于传统文化的热情，消费者早已不再满足于穿汉服，"吃＋穿"的结合生动地再现了消费者的主动参与形成价值共创，国潮的文化体验触点愈发丰富。而身着古典服饰的消费者形象又大大强化了国风甜品的场景感，也拉开了国潮点心创作风潮的序幕。不同的人物角色参与价值共创，挖掘和探索出了区别于西式甜品的"中式点心局"创作方向。不仅仅是吃的，当然还有喝的。各种古法制茶工艺、点茶、斗茶都需要消费者的深度参与，让饮食文化体验具有互动性的鲜明特点。

近来网络上走红的"慈杯"是饮食消费迈向体验共创的经典案例。

很多寺庙景区周围正流行一种新型休闲方式"寺庙咖啡"——杭州径山寺的"径山禅意"、台州龙兴寺的"见佛"、太平禅寺的"释迦咖啡"、上海龙华寺的"素咖啡"，以及最出圈的杭州永福寺的"慈杯"。寺庙咖啡，本质上有很强的网红流量属性。诸如谐音、祈福寓意、抽签等各种形式的饮食设计，无疑具有超强的引流作用。这个"流"就是消费者积极参与共创的印证。店内除了常规的咖啡，还有一款很应景的咖啡名叫"随缘咖啡"（图5-3中间图），采用了抽签形式，抽到的是什么就喝什么，这对于"选择困难症"人士非常友好。抽签、随缘、惜缘——让喝咖啡都能喝出一种心流体验劲儿。手握"慈杯咖啡"，行走在具有禅意的寺前小径，这是一个体验共创的真实场景——每一个消费者都参与了某种消费寓意的角色扮演，彼此都是有缘分的过客。

图5-3 开在杭州永福寺里的"慈杯咖啡"

第二节　生态价值观下的食物设计

一、食品和化妆品包装新规的限制与引导

包装对于食品零售来讲具有举足轻重的作用，对于提升商品市场竞争力、吸引消费者购买欲都有着巨大影响。但是过度包装问题愈演愈烈，不仅增加了消费者的购买成本，还造成了严重的资源浪费与环境污染。包装作为促销捷径应该及时刹车，要引导改变一味追求包装高档奢华的畸形消费观，更要遏制住造成的负面生态影响。国家市场监管总局（国家标准委）同工业和信息化部等部门，组织相关标准化技术委员会和技术机构，对2009年版的标准进行了修订，并于2021年8月10日发布了新的《限制商品过度包装要求　食品和化妆品》（GB 23350—2021）国家标准，该标准自2023年9月1日起实施。专门针对月饼和粽子过度包装问题，也更早地曾于2022年5月发布了GB 23350—2021国家标准的第1号修改单，已于2022年8月15日实施。GB 23350—2021《限制商品过度包装要求　食品和化妆品》代替GB 2350—2009《限制商品过度包装要求　食品和化妆品》，与原版标准相比，该标准删除了规范性引用文件，更改了内装物、包装层数、包装空商品术语定义，更改了基本要求，更改了限量要求，更改了包装空隙率计算方法，增加了检测、判定规则和不同商品的必要空间系数。新标准规定了限制食品和化妆品过度包装的要求、检测和判定规则，其中细分了31类食品和16类化妆品的具体标准，涵盖了日常所能接触到的茶、酒、罐头、糕点等各类包装。该标准适用于食品和化妆品销售包装，但不适用于赠品或非卖品。

此国家强制性标准对食品和化妆品的过度包装进行了限制，以便于行政监管、企业实施，严格规定了包装空隙率、包装层数和包装成本，有利于推动食品和化妆品包装规范化，实现资源节约的目标。例如包装层数，是指完全包裹内装物的可物理拆分的包装的层数。（注：完全包裹指使包装物不致散出的包装方式。）这里需要注意，此处的关键词是

完全包裹，如果是敞口的手提袋，则不算在包装层数内。如图5-4所示，包装层数要求粮食及其加工品、月饼及粽子不应超过三层，其他商品（含茶叶及其制品）不应超过四层。在包装大小方面，要拒绝"小质量大包装"，同时对包装空隙率做出新要求。

（a）包装层数要求　　　　　　　　　　（b）包装空隙率要求

图5-4　食品和化妆品包装新规解读（市场监管总局标准技术司的宣传图片）

二、《反食品浪费法》倡导厉行节约

1.《反食品浪费法》的背景

《中华人民共和国反食品浪费法》由中华人民共和国第十三届全国人民代表大会常务委员会第二十八次会议于2021年4月29日通过，自公布之日起施行。本法所称食品是指《中华人民共和国食品安全法》规定的食品，包括各种供人食用或者饮用的食物。本法所称食品浪费，是指对可安全食用或者饮用的食品未能按照其功能目的利用。该法律的颁布实施，为全社会树立了浪费可耻、节约为荣的鲜明导向，为公众确立了餐饮消费、日常食品消费的基本行为准则，为强化政府监管提供有力支撑，为建立制止餐饮浪费长效机制、以法治方式进行综合治理提供制度保障。随着全社会营养健康意识的提高，特别是随着人口的增加、城市化的推进和人民生活水平的不断提高，对优质食品的需求也会呈现刚性增长趋势，优质食品供给不足的问题将更加突出。

我国餐饮行业食品浪费情况严重。《2018中国城市餐饮食物浪费报告》显示，2013～2015年，中国城市餐饮每年食物浪费总量为1700万～1800万吨，中国餐饮业人均食物浪费量为每人每餐93克，浪费率为11.7%。习近平总书记对制止餐饮浪费行为作出重要指示，强调要加强立法，强化监管，采取有效措施，建立长效机制，坚决制止浪费行为。要进一步加强宣传教育，切实培养节约习惯，在全社会营造浪费可耻、节约为荣的氛围。反食品浪费是未来餐饮企业发展的趋势，餐饮企业在制止餐饮浪费行为、绿色消费方面发挥着重要作用。当前中国粮食浪费主要存在于商业餐饮、公共食堂和家庭饮食等消费环节，仅城市餐饮每年浪费的食物就达170亿～180亿公斤，这还不包括居民家庭饮食中的食物浪费。以立法的刚性反对食品浪费就成了底线要求，实施反食品浪费法正当其时。

2. 践行反食品浪费：设计在行动

（1）针对临期食品回收的服务设计

在反对浪费、倡导节约的社会背景下，民众对临期食品的认知不断提高，临期食品销售也日趋火热。除了新兴的大型临期食品仓储型销售外，星罗棋布的便利店日趋成为临期食品销售的主力军。一是生鲜类食物是便利店需要日常固定检查保质期的商品品类，长期存在"日抛"型的食品浪费情况；二是可以充分发挥便利店在社区销售模式中的区位优势；三是年轻群体是便利店高频次光顾顾客的主体，对临期食品销售模式的接受度较高。

基于服务设计流程解决便利店临期食品的销售和后续处理问题，对用户来说是优化购物体验；对商家来讲，则能提高临期食品的利益最大化，为社会的可持续发展做出贡献，这是于社会、生态都有益的多赢模式。笔者参与《反对食物浪费视域下针对临期食品的体验设计》研究写作时，课题组的北京印刷学院师生走访了某知名便利店，展开了用户日

志、用户访谈等调研，从典型用户和商家的角度了解了临期食品的销售
状态，肯定了市场存在大量临期食品的事实，而目前要解决的重点就是
优化用户的购买体验和解决临期食品的后期处理问题。针对便利店处
理临期食品的流程进行优化，重置了针对临期食品更为合理的处理流程
（图5-5），从临期食品和服务提供者即商品销售方角度，寻找服务触点，
发掘服务缺口。临期食品在用户、商家和行业层面都存在服务缺口，应
分别采取措施。用户层面，打通各个销售平台，呈现多样化状态；应用
数字化技术将食品从生产到销售、到临期的整个过程透明化，并跟踪和
延续后续服务，包括食品销售后的安全问题等。商家层面，以大数据为
依据降低食品库存问题，避免利益损失；建立完整的线上线下临期食品
销售机制，例如实体空间的临期食品专属区，数字端的销售跟踪，以积
分等奖励机制和复合优惠方式再次刺激销售等。行业层面，与政府、志
愿组织、公益机构合作，完成临期食品的销售、配发、循环再利用，尤
其是后期的回收利用，务必做到不浪费食物，使其物尽所能（图5-6）。

（2）促进个人光盘行动的产品设计

①纹饰。如图5-7所示，为了宣传"珍爱每一粒粮食"，世界粮食
计划署的宣传广告"饥饿餐盘"使用了令人震撼的视觉语言，盘中的食
物与盘边缘印花图案中乞讨的人群形成了巧妙的设计联结，触动人们的
心灵，不由自主地践行"光盘行动"。我国餐饮浪费惊人，应从每一个
个体做起，积少成多、聚沙成塔，由个人到社会，形成真正反食品浪费

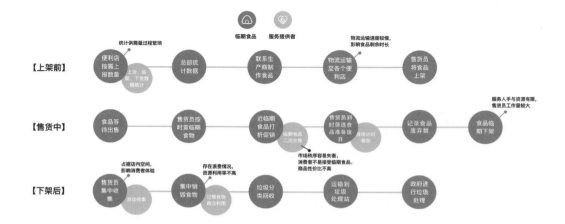

图5-5　重新规划临期食品的处理流程

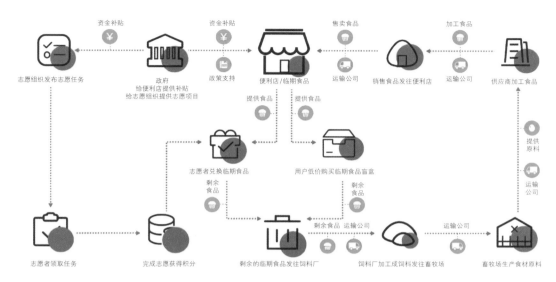

图5-6　志愿者、便利店、用户、政府及回收方之间的利益关系图

图5-7　世界粮食计划署的广告"饥饿餐盘"

的观念与风气。

　　②结构。如图5-8中是一款带有磁铁的轻质厨具系列设计，采用将磁铁嵌入轻质餐具手柄尖端的设计，以便它们可以粘在金属表面，并通过头部结构设计让这些餐具能轻松地刮走附着于锅底部边缘的食物残余，从而达到减少食物浪费的目的。

　　③材质。图5-9所示是名为Eatsy的一套餐具，它不仅适用于老

图 5-8　减少食物浪费的厨具 Kitchen utensils（COG design studio）

人、儿童，也同样适合普通用户，并且对使用习惯不同的用户也很友好，搭配使用不同的材质，利用硅胶的柔软性更好地帮助用户定位壶口，避免洒落，盘子的曲度可将食物进行聚拢，方便用户盛出，勺子的尾部适当设计凹陷，采用防滑的材质，可准确扣在盘子上防止其滑落。如此设计，使每一粒粮食被轻松舀起。

（3）用食物残渣做设计

从某个视角来说，食物设计不仅可以让反食品浪费的作用前置，而且也可以探索让浪费的食物进入再使用的循环。维也纳设计师 Barbara Gollackner 与澳大利亚厨师兼餐厅老板 Martin Kilga 合作创造了一系列用剩余食物制成的餐具"Wasteware"。两人利用工业和个人食物垃圾创作了一系列碗、盘子等餐具。设计师 Gollackner 得知欧洲每年浪费约9000 万吨食物，同时一次性餐具产生约 3000 万吨废物。于是他开始考虑将这两个问题联系起来，并尝试用食物垃圾制造新材料。为了让有趣的餐具栩栩如生，利用食物残渣，例如猪皮和旧面包。将收集到的废物干燥或煮熟，然后混合成光滑的糊状物，并使用菌丝体将其黏合在一起。如果需要，可将水或面包屑添加到混合物中。准备好光滑的糊剂后，将其插入打印机中并以不同的形状进行 3D 打印。该工作室也得到了厨师兼食品设计师 Peter König 的协助，他们一起探索使该创意落地，

图5-9 Eatsy餐具套组

如图5-10所示，该探索最终制作出米色的碗和苔绿色的杯子，使其成为可以多次使用的多款餐具集合。"Wasteware"这一项食物残渣再利用设计案例的成功，证明了除了简单地扔掉食物之外，可以使用生态绿色设计的6R理念（reduce、reuse、recycle、repair、rethink、refuse）进行重新再设计，让食物的价值被进一步挖掘。

图5-10 利用剩余食物制作的餐具Wasteware

三、食品创新趋势：生态与环保的持久发展

益索普中国于2022年7月发布了《全球食品趋势及中国现状洞察》报告，该报告总结出了全球食品饮料十二大趋势，分别是：可持续包装、肉类的可替代性、减糖、功能性需求、天然有机、宅家消费、环保意识、兴趣烹饪、无酒精饮品、新型食谱、多场景零食、食品速递。对生态的关注和环保意识的增强已经成为当前全球范围内的显著趋势。而中国消费者环保意识的增强成为诸多创新的驱动力。如图5-11所示，围绕让"废物"再利用，循环减少碳排放的话题，87%受访者表示包装使用再生、环保、易降解材料非常符合他们的需求。

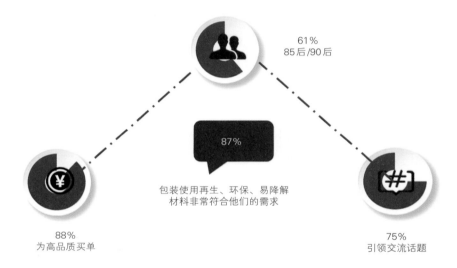

61%
85后/90后

87%
包装使用再生、环保、易降解材料非常符合他们的需求

88%
为高品质买单

75%
引领交流话题

图5-11 中国消费者对可持续包装的态度（益普索数据）

这些趋势被敏锐的品牌捕捉，并在其产品商业创新上加以运用。譬如金典牛奶推出了"无印刷、无油墨"包装，在2023世界食品创新奖（World Food Innovation Awards）上获得殊荣。如图5-12所示，金典牛奶的环保包装采用纯白瓶身，没有传统包装的油墨印刷，用激光打印产品名称及生产日期信息；采用FSC认证绿色环保材料，瓶盖部分的制作原料来自甘蔗；外箱用回收奶盒制作，使用环保纸提手，采用该工艺每10万个外箱可减少使用约260千克塑料。食品创新中的生态观，可谓掀起了"舌尖上的环保"潮流。2022年伊始，康师傅推出"无包装"冰红茶、百事陆续在中国内地市场上"撕掉标签"，打响了一波引人注目的

"无标签化"之战。而在日本、韩国等市场，三得利、依云、雀巢等品牌早已开始尝试"无标签化"。在低碳环保成为社会共识的背景下，食品包装的"减量化"已是大势所趋。去掉瓶标，运用激光打印技术在瓶身印上产品信息，可以减少塑料和油墨的使用，从而减少碳排放。

图5-12　"无印刷、无油墨"牛奶盒包装

　　不仅仅是食品的包装创新，包括食品本身，其生态属性愈发被广大消费者所关注与青睐。长期以来，有机食物一直是秉承了生态责任的初心。与此同时，生态保护产品正在逐步走入市场。本地时令性（当地的季节性产品）和反浪费（包装方面）成为主要方向。以植物为基础的动物蛋白替代品正以高速增长态势逐步走向成熟，并被愈发多的中国消费者所关注和尝试。根据益普索数据，中国目前有73%的消费者愿意尝试植物肉，其中82%是出于健康和生态方面的考虑。除此以外，生态保护责任促使企业关注碳减排和动物福利。在未来比较长的时期内，生态与环保都将比较持久地作为全球范围内食物创新的重要驱动力。因此从食物设计应用与实践的角度来看，生态与环保同样也是常见的创意立足点和设计切入点。如图5-13所示，据Travel Weekly报道，新西兰航空与新西兰Twiice公司合作开发出香草味的咖啡杯。飞机上的咖啡杯很多都是纸杯，无疑不符合碳减排理念，而该咖啡杯的制作材料是玉米和纸，具有防漏性和耐热性，而且还具有相应的口味。在航班上享用完咖啡之后可以直接将其当作饼干一并吃掉。据悉，新西兰航空每年会供

应 800 多万杯咖啡，在推出饼干咖啡杯之前使用的是植物咖啡杯。而将饼干做成咖啡杯，可以吃得完全连"渣都不剩"，既有趣又环保。

图 5-13　新西兰航空的饼干咖啡杯

第三节　面向社会的创新食物设计

一、赋予更多的社会责任

食物自古到今都被赋予了诸多社会价值，甚至会深刻地影响文明的形成、社会结构的变迁。毋庸置疑，谷类食物的发展和传播促进了人类文明的大发展。种植业让人类有了更稳定的食物来源、对抗灾荒的资本以及文明发展的可能。如今人们餐桌上的食材，可谓都是千百年来文明交流、融汇的丰硕成果。长久以来，食物是古代统治阶级管控民众的有效手段，也是社会阶层形成区隔的印记。甚至，食物往往也会成为社会冲突的导火索引发战争。譬如，香蕉贸易曾引发了拉丁美洲的政变和战争；数百年来的海上香料贸易见证了整个香料帝国的兴衰与沉浮，以及数不尽的硝烟与流血；日常离不开的盐，影响着政权的稳定，盐业和盐税的争夺是诸多战争的导火索……然而食物也带来了富庶与健康、繁华与安定。时至今日，食物与人们的社会生活形成了休戚相关又错综复杂的关系。食物可以成为社会某一个切片的镜子，折射出人与人、人与社会、人与自然的诸多联结。

进入商品快速流通的现代社会，各种农业科技和食品科技等催生了大量的异常丰富的食品诞生。食物似乎前所未有地、轻而易举地可以获得。但吊诡的是，手机或电视屏幕中，又经常充斥着地球某地闹饥荒的新闻报道。在这些地方，食物仿佛将当前人类现代文明一下拉回到数百年前。食物再次成为奇货可居的，甚至可以危及人类生存的一种物品。从这种与现实都市经验相悖的冲击感角度可以看到，食物一直承载着盛世岁月难以觉察的或人们不太珍惜的社会重构价值。放眼全球来审视食物发展，或许得到一个如此参差不齐的、差异巨大的局面——食物对人类生存权与基本人权正产生着重大影响，而这种影响力在该视角下才会被暴露出来从而被世人所重视。

当用商业消费的眼光去获取食物的时候，人们对食品的选择才能不局限于满足基本需求，还会因为享受、健康、分享、社交、情感等进行选择和交换。全球著名的SIAL西雅国际食品展在全球发起调研后发布《2020—2023全球食品＆饮料创新趋势洞察》，调查发现，新冠疫情的暴发加速了人们行为的改变，但未改变饮食转型的重心或路径。饮食变革的强度或速度取决于各地的文化、经济和社会差异，而悖论及矛盾同时存在。报告数据表明，除了考虑健康因素外，饮食行为的改变还受到食材供应地（48％）、对营养的关注（37％）以及环境保护（36％）的影响。全球范围内与社会责任感及生态责任感相关的创新产品的市场份额增长尤为明显。报告还反映出，"具有社会责任感"在全球食品创新中占据了一席之地。2021年世界范围创新食品份额分别是：第一位"愉悦"（47.8％）、第二位"健康"（31.1％）、第三位"社会责任感"（7.1％）。饮食创新不仅要带来愉悦，而且必须符合健康要求和承担相应的社会责任。这不仅仅是为了消费者自己，也是为了明天的世界，全球视角的食饮创新趋势形成了"健康—愉悦—环境和社会责任"这种新的三角关系。全球著名的独立市场研究及咨询公司"英敏特（Mintel）"发布的《2023全球消费者趋势》报告指出，有91％的中国消费者表示，他们可能会购买承担社会责任（如向公益事业捐款等）的品牌。越来越多的消费者将仔细审视全球品牌是否认真履行其在当地的承诺。例如，具有生态意识的消费者会要求原材料具有可追溯性、节约当地资源，尤其是在发展中国家。消费者想要看到品牌关于"生态道德"的证明，这意味着不仅企业要定位为"环境友好型"企业，消费者还需要看到企业的实践和真正的行动。食物消费属于消费者日常消费的重要内容之一，英敏特的趋势报告也再次印证了食物消费愈发蕴含诸多社会责任的趋势。

二、从设计创新到社会价值创新

1. 人与自然：生态文明观念的树立

食物设计不能陷入为了设计而设计的怪圈，更不能只是猎奇地追求新颖风潮。前述的社会责任是一个比较笼统的概念，它包含了诸多层面，包括以食物为中心的"人—社会—自然"三角形的关联。由于食物的重要性，从古到今，它都有着暗中搅弄风云、颠覆时局的影响力。食物有着相应的能动性：从宏观来看"国家粮仓"具有稳固国本的战略作用，从微观来看有"粒粒辛苦"的光盘节约行动，这些都可见到食物的身影。因此，对于树立全民生态观念来讲，食物同样是构建人与自然之间关系的桥梁。设计师立足于这座桥梁，更多地探索环保这一全人类的课题，思考如何去平衡生产发展、人们生活与自然生态保护的关系。生态文明不应是被动的，而是与人类自身发展同频的，生态文明建设具有高度自觉性和主动性。正如党的二十大报告提出"中国式现代化是人与自然和谐共生的现代化""必须牢固树立和践行绿水青山就是金山银山的理念，站在人与自然和谐共生的高度谋划发展"。

作为设计师个体，从人与自然的共生关系出发，每一项生态设计都可以为全人类的社会价值创新献计献策。从身边的环保做起，聚少成多就能形成足够的影响力。例如印度发明家 Narayan Peesapaty 用小米、大米和面粉等天然食材做成各种汤匙、筷子、咖啡搅拌棒，人们用完餐后，可以把餐具一同吃下肚（图5-14）。可食用的餐具基本用五谷杂粮制作，主要原料是高粱粉、大米粉、小麦粉、玉米粉、马铃薯粉等。吃起来比较脆，口感和饼干类似，可塑性也强，不管是热的咖啡还是冷的冰激凌，都可以使用这种可以吃的餐具盛装。不想吃下餐具的话，只需要把它们随意埋入泥土中，在4~5天内便会自行分解，回归大自然。使用食物来做取食的工具，让全社会减少使用塑料制作的一次性餐具，为避免环境污染提供了一种新的解决方案。

图5-14 品牌Bakey's的可食用餐具

2. 人与社会：传统文化的守正创新

促进文化事业和文化产业繁荣发展，保护传承中华优秀传统文化是目前我国思想文化工作的重心。传统文化的守正和创新是辩证统一的，要在守正的基础上创新，在创新的前提下守正。新时代的文化自信发展道路要着力赓续中华文脉，推动中华优秀传统文化创造性转化和创新性发展，着力推动全社会的文化事业和文化产业繁荣发展。食物本身就是文化，饮食文化更是中华传统文化的重要组成部分。因此，食物的创新自然有着文化创新的缩影。譬如，当前诸多国潮点心的开发受到了众多年轻消费群体的欢迎。愈发多的非遗美食焕发新的生机，它们所蕴含的深厚历史文脉与社会文化价值被重新发掘和重视。在文化自信和守正创新的发展道路上，各种"中国糖果"正在被前所未有地重视。区别于西方的甜点与烘焙，这些本土糖果既传承了古法匠心的制作技艺，又蕴藏着各种传统文化（图5-15）。食物好似一种容器，它容纳着个体

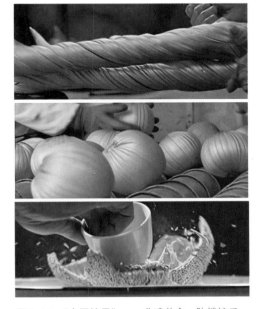

图5-15 "中国糖果"——非遗美食：陈楼糖瓜

的、群体的、民族的某些舌尖上的记忆，是人与社会关系在历史发展进程中的投射。

3．人与人：人文关怀与关注民生

食物设计从以食物为介质的创意设计提升至对社会价值的探寻与创新，食物关乎每一个个体的生存、康健与情感。可口的美食是人们追求美好生活的缩影，人生亦如味有酸甜苦辣，生活中每个人有着各自的际遇或苦难，味道亦如与生活伴生的影子。事实上，人间烟火气最抚凡人心。又有多少人依靠一门烹制食物的手艺养家糊口，也有人凭借这一门技艺致富，赋予了生活更缤纷的美好色彩。食物既是饮食文化的主角，又养育着一方百姓。它的社会价值无疑是多重的、多彩的，也是多味的。

食物设计的社会价值创新绝不囿于美好，它能向需要关怀的人提供抚慰，这也是食物具有能动性的另一种表现。食物设计不应该以高高在上的姿态，举着所谓艺术或创意的大旗去颐指气使。它应该与人同频，润物细无声地进入人们的生活，尝试改善民生，展现积极乐观、豁达进取的态度。

如图5-16所示，在成都市残联的支持下，青白江区残疾人联合会多次为当地的残障人士开设了非遗面塑手工艺制作技能培训。面塑，是以面粉、糯米粉、甘油或澄面等为原料制成熟面团后，用手和各种专用塑形工具，捏塑成各种花、鸟、鱼、虫、景物、器物、人物、动物等具体形象的手工技艺。面塑在古时一般是以食物的形式出现的，但它往往也被赋予了文化和宗教的意味，使其具有一种复合的价值，从

（a）面塑"合家欢乐"（张小君）

（b）面塑"麻辣鲜香"（任之洪）

图5-16　残障人士的面塑创作（成都市青白江区残联供图）

而成为一项独特的与食物相关的传统民间艺术。面塑，可以说是我国历史悠久的食物设计的表现形式之一。

如今，面塑成为非遗后，又与文创结合提升了其商业价值。在该案例中，面塑作为一种文创形式的食物设计，又平添了一种人文情怀。残障人士习得这门以食物为材料的面塑制作技艺后，不仅可以增加收入，而且他们凭借自己制作的精巧作品收获了众多赞许，赢得了更多的尊重，实现了人生价值。

食物设计可以为社会创新提供不一样的人文价值，它可以带有艺术感染力，带有温情与坚韧，亦带有人间烟火气息。

第四节　AIGC 参与数字化食物设计

一、数字科技与食物设计

数字科技的发展已经渗透并深刻影响到设计的各个层面，食物设计亦不例外。尽管食物设计在我国尚处于发展初期，但数字科技早已在商业领域得到了大规模的创新应用，这也势必在商业消费的动机、观念、行为等方面为食物设计创新提供诸多机会。由 "+86 中国食物设计联盟" 与北京师范大学未来设计学院发布的《2022 未来食物设计趋势报告》中提到的诸多趋势都与数字科技有着紧密交集。例如元宇宙带来的 "虚拟美食"、食物打印技术、个性化营养量身定制、多感官沉浸体验等都可以看到数字科技的身影，数字科技在食物设计的多个维度或创新方式上提供技术支撑或创意引领。

英敏特公司发布的《2024 全球消费者趋势报告》指出 "人与科技" 是当今全球消费趋势之一，在过去一年里，科技与人工智能（AI）取得了革新式的进步，改变了现有格局，提高了生活和工作的效率。科技帮助消费者自动化完成单调的机械式任务，从而腾出时间从事更有意义的活动。和过去作为工具存在的技术不同，当今快速发展的 AI 技术似乎有望超越人类的产出能力。当消费者和企业学习掌握新兴技术时，消费者也开始欣赏人类的独特之处——情感、同理心、创意，以及和真实人类建立联系的愿望。为了在进步与保守之间取得平衡，企业和消费者都将寻找与冰冷算法形成鲜明对比的、独特的人类元素。在这个日益被算法主导的世界中，我们需要基于人类的技能和情感，充分发挥技术革命的潜力来改善我们的生活。

当移动互联网改变了整个世界的交流方式的同时，诸如UI设计、交互设计成为重要的设计领域，与人们的视觉、触觉等产生前所未有的紧密联结。而食物可谓是与人类感官联系最为紧密的设计领域，它与人们的日常生活、与商业经济息息相关。数字科技既然已经悄然改变了每个人的生活，毫无疑问，它与食物设计结合，势必会产生更多的创新。一方面数字科技影响着食物设计的设计手段和表现形式，另一方面数字科技本身又可作为食物设计拓展边界后的设计内容。至少在以下几个方面，在短期之内数字科技与食物设计结合会有高效的成果产出。

一是数字影像与光影技术可增强饮食文化体验。将全息光影技术融入餐饮业，打破传统就餐模式，为食客们带来前所未有的感官体验。譬如"花舞印象（Art by teamLab）"餐厅用数字影像艺术互动链接食物、自然和未来。餐厅的墙壁和餐桌全是由投影幕布组成，当料理与器皿放置在桌面上时，会自动切换场景，呈现有蝴蝶、飞鸟、竹林、繁花等美轮美奂的自然美景。《纽约时报》曾评价teamLab艺术团队："将声音、光线、影像等元素融入了一个数字化的梦境中，让技术为艺术所用。"

二是数字成型技术可提升食物造型探索能力。造型一直是塑造视觉的重要创新方式。可食用材料可通过3D打印快速成型，非常高效地塑造各种造型。例如使用构成的方式尝试塑造甜品的形态，如图5-17中的Chocolatexture立体巧克力系列，在26毫米见方的模型里可塑造出九种造型各异的巧克力，有的带有尖角、有的是空心内饰或者呈蜂窝状。日本设计工作室nendo认为"与众不同的质感将创造出不同的口味"。而这样的造型方式可以在数字成型技术的加持下变得更加容易实现。

三是数字虚拟技术提供新的食品展示与消费方式。不同时代的信息媒介改变了体验触达的效率。从线下到线上，从PC（个人计算机）端到移动端，人们在消费过程中的信息获取也发生了巨大变化。数字虚拟技

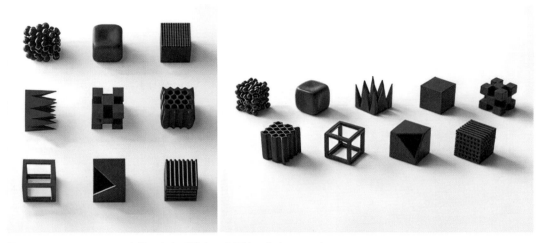

图5-17　Chocolatexture立体巧克力系列（日本设计工作室nendo）

术为下一代的消费模式提供了全新的可能，突破屏幕的限制，使食品的展示、陈列和消费方式更加丰富，不再囿于商品本身，甚至包括该食物的食材、烹饪或制作过程等都能通过更多维的形式呈现。虚拟购物的交互行为或将与线下购物一样形成更加自然的行为习惯。

四是数字气味技术触发嗅觉维度的感应。气味数字化技术可以对烹饪过程中产生的气味进行实时监测和分析，帮助智能厨房设备识别当前烹饪阶段的食材状况和烹饪状态，并提供更加精准的烹饪指导和菜谱推荐。人工智能的发展也开始介入数字化嗅觉的进化。例如谷歌研究院团队设计了一种神经网络系统，它可将55个描述性单词中的一个或多个，与对气味的描述相匹配。使用行业数据集对这种神经网络系统进行训练，其中包括大约5000种已知气味剂的气味。该神经网络系统还分析了每种气味的化学成分，以确定化学成分与香气之间的关系。

五是数字智能技术高效满足食品商业设计需求。食品行业中的诸多商业设计需求，诸如包装设计、物料设计、海报设计等都可以通过AI进行辅助。结合当前消费需求变化快速的实际，在更短时间内实现消费需求的商业转化，数字智能技术呈现出了颠覆性的变革。一方面，AI在垂直细分应用、行业应用及食品行业有着广阔的商业空间；另一方面，顺应食品消费趋势，有利于实现价值共创，减弱消费代际变迁的影响。

六是数字算法技术用数据引导人们健康生活。众多调查报告表明健康、生态已经成为人们关注的焦点，食物影响着一个民族的健康。数字算法技术根据监测到的人们的健康数据，针对不同人群不同时段的需求，推荐或管控饮食，有效提醒或干预人们对有害于健康的食物的摄入，还包括各种营养补充剂乃至食疗的建议。AI在未来作为每一个人的私人营养师，全方位监测人们的饮食与健康，用数据引导人们健康生活。

七是数字技术全方位管控食物生产链以提高安全性。食品安全曾经一度在我国引发了全民关注，不信任感对食品行业冲击很大。随着数字技术的发展，可逐渐实现全面地监管食物生产产业链，不仅要全要素可溯源，更要在生产、运输、仓储、销售、售后等各个环节进行监测，尽可能减少各种食品安全风险或隐患，从而极大程度上保证食品安全。甚至在AI的帮助下，可预测到食品安全风险产生的概率，从而提醒相关人员，防患于未然。对于生产者或商家来讲，还可以通过数据分析，缩短借助AIGC商品的周转周期，测算市场需求等，有效降低各环节的成本。

当前设计师、烹饪师乃至美食爱好者借助AIGC一起共创，实现了更多新颖的食物创新，探索出了与传统烹饪完全不一样的创新方式。尤其是在食物的形态造型、食品的包装与广告设计等方面，AIGC已经具备巨大的创作能力，能为实际的商业转化与实际应用提供参考。食物设计在自身理论与实践发展的初期，就迎来了人工智能时代，因此它的发展必定会有人工智能参与设计的创新路径，这是与其他传统设计类别发展脉络完全不同的轨迹或特征。

二、AIGC参与食物设计创新

1. 创造食物形态

AIGC全称为AI-Generated Content，直译为"人工智能内容生成"。即采用人工智能技术来自动生成内容。从技术层面AIGC可分为三个层次，分别为：智能数字内容孪生、智能数字内容编辑、智能数字内容生成。而在生成内容层面AIGC又可分为五个方面：文本生成、图像生成、音频生成、视频生成和多模态生成。AIGC参与食物设计创新，围绕以食物为主题展开多模态的内容创作。

"AI美食"成了一道独特的美食风景。它既是指利用AI专门针对食物的形态造型进行创作，生成一系列区别于一般摆盘或饮食形式的食物，又包括以食物、食材等为创意元素通过AI创作各种食物文化主题

的海报、广告、物料等。如图5-18
所示，是利用AI创作的"方面"，
将面条做成了立方体的造型，与市
面上方便面的扁方形面饼迥异，又
谐音"方"。但要将这些AI美食真
正地做出来，须充分考虑食材与烹
饪之间的关系。譬如知名美食博主
"菜男"为了复刻这道AI美食，颇
费周章地经历了面条成型、面条编

图5-18　AI美食："方面"

织、油炸等多道制作难关最后得以实现。

　　图5-19是用AI创作的食物微缩景观，将人物缩小置于食材前，呈

图5-19　用AI创作的食物微缩景观

现出了一个具有想象力的、充满欢乐童趣的食物世界。再将食材放大后又会是什么样的景致呢？图5-20则呈现了用AI创作的水果快闪店，各种热带水果变成了充满视觉张力的店铺。在这两个案例中，AIGC的创造力从最开始的食物菜肴本身迁移到了更为广阔的创意点上，食物成为构建视觉核心的主体元素。虽然这些创意一时间难以变成现实的AI美食，但给我们展示了诸多可能。AIGC创作成本的大大降低有利于设计师探索对食物食材元素的运用，将传统观念中的"色香味形养器"快速地变化为创作路径。

2. 食品包装与广告

如果说利用AI塑造各种食物造型存在一定困难的话，那么AIGC辅助食品行业进行商业创新则较容易实现。在食品包装设计、广告设计方

图5-20　用AI创作的水果快闪店

面AIGC已经表现出了出色的商业运用能力。

（1）食品包装

目前通过诸如Midjourney等工具生成的包装已经得到了商用并推向了市场。AI参与包装设计的设计效率较传统设计模式的效率大大提升。效率意味着设计成本的大幅降低，这对于目前我国创意设计水平相对较低的农副产品领域来讲，在AIGC协助下能更容易地提升农产品的设计表现力。如图5-21所示，一组AI参与的大米包装设计，可以看出具有相当高的完成度。若再结合人工设计师对当地乡村文化与风貌的提炼融入，则可以快速满足农产品包装迭代换新的需求。

图5-21　AI大米包装（xiaonansomia）

（2）美食广告

AIGC不仅能创作出与美食主体相匹配的创意广告，而且能呈现出高完成度的视觉画面。譬如图5-22的达美乐比萨广告，比萨面饼化身为高空跳伞的装备，使极限运动爱好者实现了在食物世界中的异次元空间体验。AI美食广告将对比萨元素与风味特征的解构，转化为视觉创意的能力不容小觑。而广告视觉制作也很精良，广告设计效率同样形成了颠覆性的生产力。

AIGC参与食物设计创新不仅仅是效率和生产方式的问题，更重要的是对人们的创意逻辑产生了诸多方面的影响。2023年颇具趣味的创意AI广告引起了汉堡王与麦当劳的营销之争，成为AI已经深刻影响到食品广告行业的绝佳例证。事情的起因是，巴西麦当劳向ChatGPT提问："世界上最具代表性的汉堡是什么？"并将AI生成的答案做成户外广告，其文字排版采用的是具有品牌特色的配色。由ChatGPT生成的回答大致为："世界上最具代表性的汉堡可能是快餐连锁店麦当劳的巨无霸（Big Mac）。……巨无霸经常被用作全球化和快餐文化的象征。"麦当劳推出此创意广告后，汉堡王也不甘示弱，立马跑去问ChatGPT：

图5-22 AI创作的比萨广告（墙角石艺术实验室）

"那么哪个汉堡最大呢？"由ChatGPT生成的回答大致为："汉堡王的皇堡（Whopper）在大小和配料数量上是最大的。这款汉堡以其较大的尺寸而闻名，……"汉堡王像麦当劳一样，将生成的答案设计成户外广告（图5-23）。这一广告营销活动，不仅让美食广告跟上了AI话题

图5-23 麦当劳与汉堡王的美食广告AI之争

的潮流，也通过品牌间的互动为对方引流，并借助ChatGPT生成的文案，详细地为产品进行了一次介绍并获得有效的宣传效果。

三、AIGC赋能食品发展

1. 商业赋能

首先，AIGC赋能食品消费具有比较强的效益驱动，助推"人－货－场"全方位提质增效、智能升级。通过AIGC技术，可以实现"人－货－场"的提质增效，从用户到商家，从体验到效率均能带来更加智能化、高效化的体验。其次，AIGC介入处于方兴未艾的食物设计，加速了"生产者－消费者"的直接融合，推进形成基于大数据、互联网开展的服务生态系统价值共创。AIGC属于数字创意领域，本质也是对数据的创新转化与应用。大数据和互联网技术使产品和服务呈现数字化、网络化和智能化，广泛嵌入系统的智能互联产品从根本上重塑了产业竞争和产业边界，颠覆了价值创造主体之间传统的互动方式。

由于当前AI技术的迅速发展，技术进步对产业形态与演化方向产生直接影响。AI势必会塑造一个全新的文化内容市场与一种新的商业模式。当AIGC赋能于食品商业，不仅经济效益转化效率在各个环节可得到明显提高，在此过程中对饮食文化也可呈现与时俱进的勃兴。技术的发展必定推动时代前进的步伐。回到数千年之前，曲水流觞是对传统宴席的形式创新，而如今，AI的创新更是促使诸多商业需求得到快速满足，让食品商业在不同的产品层、业务层、产业链层乃至生态层都发挥出前所未有的创新力。并且，这种创新力中蕴含了消费者的意愿、动机、习惯等。价值共创，也开始有了AI的身影，而AI的大数据背后可谓是数以千万亿的用户。"共创"的"共"字，在AIGC阶段，其背后意味着海量级的用户及用户的数据。

2. 设计赋能

AI的出现似乎让设计师的准入门槛降低了，但设计的边界和可能性被大大拓宽，这意味着创新设计领域出现了更多新的机遇与挑战。食物设计借助AI加持，不仅仅是设计师可以从事创作，传统烹饪领域的厨师或技工、甜品师、调饮师和美食爱好者都可以根据自己的创意和饮食经验创作出各种新的与食物相关的设计。AI为食物设计的赋能降低了本身属于设计领域的各种技术性门槛。尤其是对于食物造型外观和食品行业配套的设计内容来讲，AIGC从多个维度协助设计师进行创意设计研究和实践，可以减少设计师的程序化劳动，能让设计师有更多的时间去思考和创新。如图5-24所示，在同一纹饰与色调风格基调下，利用AI可快速生成众多月饼造型。它催生出了一种新的设计范式，可以不再是从零基础开始创作全新的方案，可以通过AIGC的内容提前作相应的评估，无论是委托方还是设计团队，还可在评估的基础上让设计师、委托方、消费者、制造商与AI一起共创。

图5-24　AI生成的月饼设计

第六章

巴蜀饮食文化视域下的
食物设计探索

第一节 探寻巴蜀文化

一、巴蜀文化与饮食文化

1. 巴蜀文化概述

关于巴蜀文化的概念，可大致从三个角度进行探讨，其一为先秦时期的巴蜀文化，即为狭义的巴蜀文化，这一个角度的巴蜀文化概念在学术界得到普遍的肯定；其二为从考古学角度定义的巴蜀文化，在考古界得到普遍的认同和肯定；其三为广义上的巴蜀文化，这种概念愈加被学术界和社会各界认同，若从广义角度，对巴蜀文化进行理解和分析，可从多元文化的复合、多元文化的汇聚方面进行解读。巴蜀文化是以四川盆地为中心，以巴文化、蜀文化为主体，向四周辐射，是囊括周边少数民族文化等在内的多地区文化的汇聚。由此可看出，巴蜀文化已逐渐在历史的发展中形成了一个博大精深的文化体系，涉及不同的方面和维度，包括政治、经济、社会、文化等多个不同的子系统，而这些子系统之间又相互连接、相互影响，逐渐交织成一个庞大的文化系统，组成了巴蜀文化的框架体系，从多个层面对社会以及巴蜀地区的精神文化等产生了影响。当然，巴蜀文化的内涵及相关的表现形式并非一成不变的，它逐渐随着经济、社会、文化等的变化不断发展。巴蜀文化有着悠久的历史，在数千年的浪潮中必然会经历相应的变革，在这些变革中，尽管有部分文化因素逐渐被淹没和取代，但它基本的文化形态、民风习俗和相关的人文精神依旧保留了下来，也在不断发展和进步中形成了区别于其他地方的具有独特性的地域文化。巴蜀文化属于一个具有包容性、开放性的文化系统，从古至今，巴蜀文化与周边的文化相互碰撞形成了一定的文化交流与融合，尤其是古代丝绸之路的开辟对文化的交流发挥了重要的作用，巴蜀文化在发展中，不断吸收优秀的中外文化成果，逐渐创造并发展出丰富而别具特色的地域文化体系。

2. 巴蜀文化研究概况

（1）巴蜀文化关键词的共现分析

利用文献可视化软件CiteSpace以"巴蜀文化"为关键词对近二十年的相关文献进行分析和研究，通过检索知网期刊数据库，根据相关性、有效性等对其筛选，共检索出3500篇文献。通过CiteSpace对与巴蜀文化相关的文献进行解析，生成关键词共现图，如图6-1所示。从图中可看出，"巴蜀文化""成渝地区""三星堆""巴文化""蜀文化""人文风情"等关键词是学者们研究巴蜀文化相关领域时较为重要和突出的关键点，与之相对应的也是热门的研究趋势。

（2）巴蜀文化关键词的聚类分析

使用CiteSpace软件，利用LLR算法对生成的与巴蜀文化相关的关键词进行聚类后，制作出对应的关键词时间线图谱，如图6-2所示。有关于巴蜀文化的关键词标签有较多的阐述，对此根据研究相关性进行筛选，保留其中14个较优的关键词聚类标签。聚类"#0巴蜀文化"中的高频关键词有"三星堆""巴蜀文字""中华文化""历史文化""传承""非遗项目"等。这些关键词的标签体现了与巴蜀文化相关的研究热点及方向，具有较强的影响力。从时间线图谱的分析来看，有关于巴蜀文化的研究范围较广、研究时间较长，无论是深度还是广度都体现其

图6-1　巴蜀文化关键词共现图谱

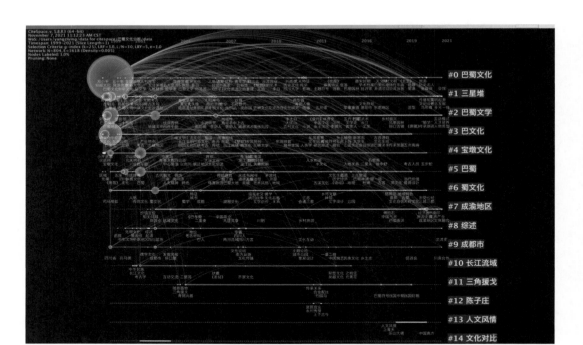

图6-2　巴蜀文化关键词时间线图谱

研究的意义，而文学研究也是一个重要的方向。聚类"#5巴蜀"关键词，得到相关的标签有"川菜""地域""开放性""茶文化"等。这些关键词标签反映了与"巴蜀"相关的研究关注点，说明自古以来，当提到与巴蜀相关的文化时，"川菜""餐具""茶文化"等与饮食相关的话题与之密不可分，这也从一定程度上反映了饮食文化是巴蜀文化中不可或缺的一部分，饮食在巴蜀文化的发展历程中发挥着重要的作用。

从词频关联的角度来讲，饮食文化是巴蜀文化构建的重要显性组成部分。研究巴蜀文化就不可避免地与饮食文化产生一定的交集，因此可以这样说，饮食文化是巴蜀文化中最具有特色的文化因子。

二、巴蜀文化脉络探析

巴蜀文化绵长而久远，从古至今，无论是自然还是人文因素，都为巴蜀文化的塑造提供了有利的条件。探析巴蜀文化的发展脉络，可从不同的角度进行追溯，从地理自然条件来看，巴蜀地区群山环绕、江河蜿蜒、河网稠密，有着天然的地理优势条件。四川盆地被多座山脉包围，峡谷纵横，烟云、雨雪缭绕其间，更有一幅"窗含西岭千秋雪"的胜景。成都平原地区气候宜人，河网稠密，水系发达，无论是气候还是地势条件等，都适宜人类的生产和发展，因此在这片土地上才繁衍孕育出了中华文明中极其独特的巴蜀文化。

由于海拔较高及其他自然优势，巴蜀地区拥有较强的生物多样性，丰美的物产等，可谓物种丰富。巴蜀地区还有着瞩目的都江堰水利工程，水利工程的修建为该地区提供了农业发展的基础，东晋的《华阳国志》记录着："水旱从人，不知饥馑，时无荒年，天下谓之'天府'也。"后世对成都有"天府之国"的赞誉。巴蜀地区的人文历史也是构成其文化底蕴的重要因素之一，无论是王侯将相还是文人墨客都为巴蜀地区留下了丰富绚烂的历史文化。

对巴蜀地区的文化进行初探，从地理、历史、经济、艺术、政治、人物、人口流动、自然生物、饮食文化、生活氛围、精神状态几个层面共同建构出巴蜀文化脉络的层级图（图6-3），这些不同层面环环相扣，共同构成了巴蜀文化。历史、经济等的发展在一定阶段促进了文化的发展，并通过饮食文化、生活氛围、人们的精神状态展现出来。历史上，巴蜀地区受战争期间人口迁移等的影响，人口结构发生改变，来自不同地方的人汇聚到巴蜀地区这个特别的"熔炉"中，巴蜀地区的文化也发生改变，在这样的影响下，饮食文化也得到了丰富与发展，川菜也越来越"平民化"，商品经济日益繁盛，无论是达官贵人还是贩夫走卒都可

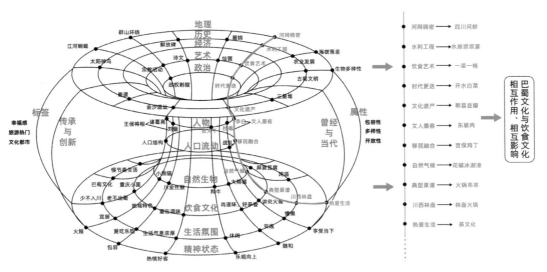

图6-3 巴蜀文化脉络分析图

以在这个愈加包容的地区享受生活。

时至今日，越来越多不同地区的人，来到巴蜀地区，逐渐成为全新的巴蜀人。宽窄巷子、望江公园、青羊宫等都带着历史留下的痕迹，巴蜀人带着乐观向上、随和、包容、热情等精神，享受当下的生活，巴蜀地区也更加具有烟火气，形成一种休闲、安逸、舒适的生活氛围。巴蜀地区的饮食文化在热衷于享受生活的巴蜀人的传承与发展下，有着独属于巴蜀地区的特性，塑造出了巴蜀饮食的新气质，在中国饮食文化的历史上也有着重要的意义。

从巴蜀文化脉络图中可以发现一条隐藏于社会发展和多种因素作用下的饮食文化线索。河网稠密是巴蜀地区的天然优势，水利工程的修建使巴蜀地区获得了"天府之国"的美誉。历史上一批如杜甫、李白、张大千等的文人墨客，对美食不倦的追求，战争变动、移民融入，促进了美食文化的融合与交汇，逐渐衍生出适合大众的火锅、串串等饮食，在如此诸多条件、因素的影响下，巴蜀人也形成了爱吃、乐吃、善吃的生活风尚，其热爱生活的精神状态也就自然形成了。从文脉线索出发，饮食与文化之间相互交融，并在巴蜀文化脉络中充分体现。

巴蜀地区的文化在逐渐积淀中，海纳百川，呈现出较强的包容性，巴蜀文化与当地的饮食文化间也相互作用、相互影响，以新的形式展现出更加丰富且与时俱进的生活形态。

第二节　巴蜀文化概念的维度

一、巴蜀文化的地理空间维度

"巴蜀文化"代表着一种极富地域性色彩的文化，主要指的是四川盆地地区的地域文化。巴文化以四川省东北部地区（巴中、达州、阆中）为中心。蜀文化以蜀地的蜀国为代表，以成都平原和川南地区为中心。由于历史上巴蜀先民聚居地变迁和行政划区域的变化，巴蜀地区在空间形态上屡有变化。最终以成都平原为中心的蜀地和长江中上游地区的三峡流域、巫山一带为主的巴地构成了巴蜀文化的核心区。值得一提的是，伴随着人口迁移与生产活动，巴蜀人民的活动地点并不囿于如今的四川省和重庆市行政区域，他们所创造的文化也在沿途区域、聚集性活动范围里都有着比较突出的体现，并发挥着较大的文化影响力。

巴蜀文化在历史的发展中，不断变革、沉淀，巴蜀文化的发展形成了自身的特点。在一定程度上来看，巴文化与蜀文化之间既有明显的共性又存在着一定的差异性，各有特性却又相互联系。山川秀丽的土地之上造就了瑰丽独特、包容性强和多元化并存的巴蜀文化。巴蜀文化是丰富灿烂的中华文化中一个重要的组成部分，也是民族文化资源汇聚的体现。

巴蜀是一种特定的称谓，现今四川省、重庆市的文化就被称作巴蜀文化，巴蜀文化不仅有着自身的影响力，更有着极强的辐射能力，向周围扩散开来。巴蜀地区有尚游乐的风尚，文化艺术、娱乐竞技、商贸活动等相互交织，具有丰富的文化内涵。巴蜀地区山川秀丽，拥有和煦平缓的自然风景，也有雄险幽静的自然景观，这些千姿百态的秀美之景往往包含着人杰文昌的丰富文化内涵。巴蜀地区拥有得天独厚的地理空间条件，群山环绕、江河蜿蜒、河网稠密、水系发达，地势高，海拔落差大，拥有丰富的动植物资源，生物多样性强。"两山夹一平原"的地形构造，让巴蜀地区变成了"尔来四万八千岁，不与秦塞通人烟"的闭塞地区，然而在这样的地理空间维度下，巴蜀地区逐渐衍生出属于自己的文化，并在这样一个地理、气候、自然资源丰富的地方，繁衍生息，形成了属于自己的独特的巴蜀文化，也只有这样的地理条件才孕育出了巴蜀地区绚烂多姿的文化。

二、巴蜀文化的历史文脉维度

巴蜀地区有着独属于自身的丰富的文化资源，自古以来，巴蜀地区就是中华文明的重要发展中心之一，从时间维度来看，巴蜀地区有着丰富又悠久的文化历史，譬如，神秘的古蜀国、著名的群雄割据、三足鼎立时期等，其孕育出的巴蜀文化成为中华民族文化的重要部分，独特的文化意义和文化内涵影响着一代又一代的华夏子孙们。巴蜀文化在历经时间的洗礼后，不断变革、发展，逐渐形成了独属于巴蜀地区的特点和风格。巴蜀人不知饥馑，物产丰美，生活安逸，有着特别的代表性地域文化。譬如：川剧变脸、川茶文化、佛道教文化以及藏羌彝文化等多彩纷繁的文化，巴蜀文化因其带有浓厚的地域特性和色彩，蕴含着极大的魅力和价值。巴蜀地区山川秀丽，风景幽秀雄险，故而诗仙李白曾留下："蜀道之难，难于上青天"的感叹。又如巴蜀地区的三国文化、九寨黄龙一线、神秘的三星堆、金沙文化、三峡都江堰等，这些从自然景观、人文历史方面诉说着巴蜀地区悠久深厚的文化。不仅如此，自古至今，巴蜀地区的文化不断发展，从古蜀文明、都江堰水利工程、三国文化、唯一一座君臣合祀的祠庙、充满道教文化的青城山等文化遗迹，到杜甫草堂、锦官城、望江楼、解放碑，多样的历史文化在同一个地区诞生并发展，直到今天依然有着巨大的影响力，可见巴蜀文化有着独有的魅力，悠久的历史。

三、巴蜀文化的饮食习俗维度

饮食文化是指对一定的食物原料进行开发、利用，接着再制作生产，最后食用消费的过程中包含的有关技术、工艺、材料、文化含义、传统习俗、思想哲学等各个方面的内容，以及人类饮食生活、饮食方式、饮食过程等具有系统性的全部过程的总和。四川自古以来有"天府之国"的美誉，《后汉书·公孙述传》中有言："蜀地沃野千里，土壤膏腴，果实所生，无谷而饱。"得天独厚的自然、生态环境为巴蜀地区的发展提供了有利的条件，而长足发展的社会经济为巴蜀地区文化的繁盛提供了足够的推动力，在这样各方相宜的条件下，巴蜀地区的人们不知饥馑、丰衣足食、生活安逸、不知愁苦。我国地域幅员辽阔，人口众多，文化资源丰富，由此，各个不同的地区在其发展过程中形成了不同的饮食文化。自古便有"一方水土，养育一方人"这样的谚语，可见，这并不是人们随意得出的结论，而是在根据自身所在区域的特点的基础上，归纳总结出来的经验，因不同的地域产生了不同的文化底蕴，也因这样的不同而形成了各自的饮食结构体系。不同地区的人们有着不同饮食喜好。譬如，南方人习惯将米饭作为主食，而北方人更喜欢以面食作为主食；江苏、浙江一带的人们偏好甜味，而巴蜀地区的人们更喜辣味等，这些不同的喜好，都反映着因地域的不同而带来的文化差异性。

巴蜀饮食文化反映着巴蜀人与社会环境、生态环境、精神文化等各方面的适应与融合，反映着巴蜀人的生活习俗等。例如众所周知的川酒、川茶、川菜以及巴蜀地区著名的小吃等。以川菜为例，川菜作为中国八大菜系之一，在一定程度上体现着中华料理的多样性。川菜被分为：蓉派（上河帮）、渝派（下河帮）、盐帮派（小河帮）三大派别，不同派别的菜品有一定的共通性，也有相互的区别。譬如川西成都、乐山等地区的上河帮川菜，相对来说口味较为清淡、调味丰富，呈现亲民平和等的特点；以川南自贡等为中心的小河帮菜品，以味重、味道厚实等为特色；下河帮菜品主要以老川东地区的重庆菜、达州菜和万州菜等为代表，被称为"江湖菜"，口味浓烈多变，偏粗放。这三大地方风味流派共同组成了独特又丰富的川菜菜系，在不断的发展革新中推动了川菜的长足发展。

第三节　巴蜀饮食体验文本研究

一、巴蜀饮食的网络文本分析

1. 网络文本分析

网络文本的探寻，需要利用网络对其进行探索。网络上，目前时兴的一种评论方式便是"弹幕"。"弹幕"起源于日本弹幕视频网站（Niconico 动画），其原意是形容密集的炮火射击目标，但由于其炮火的密集程度过高，像一张幕布一样，因此便有了"弹幕"的说法，而这一说法最早来源于军事用语。逐渐，弹幕开始被用来形容在网络平台观看视频时所发送出的评论性言语，这些言语通常浮动在屏幕上方。随着互联网的迅速发展，弹幕这样的形式也愈加被了解和接受，在各大流行的视频网站，都可看到弹幕的形式，弹幕的用户活跃度也在逐渐提升，弹幕也成为用户热衷于讨论的话题，广受不同用户的欢迎。每条弹幕的发送都代表着不同用户的情感趋向与观点态度。当然，互联网被各类用户群体使用，不同的视频类网站拥有不同体量和类型的用户群体。不同用户之间对于事物的认知有着相应的差异，受其不同价值观、知识储备、理解能力、思考方式和立场等诸多因素的影响，对事物的评判和理解也有所不同，因而弹幕评论有一定的参考性和普遍性意义。为了表达自我对某件事情或事物的看法，用户通常用一些评论性语言来表明自己的立场态度、情感倾向等。弹幕因其具有与视频观看的同步性，能表达用户对所观看视频的情绪及意见，具有通过匿名的形式增加社交的互动性、体验性、直接性等特征，因而弹幕也可被理解为具有增强意义的评论。

2. 弹幕文本情感

对于网络传播的视频作品而言，弹幕成了其中一个重要的组成部分，弹幕的形式也逐渐受到越来越多的用户的认同，弹幕不仅仅是一种表达、一句言语评论，更是一种寄托自身情感的体现，也是互联网时代下文化展现的重要形态之一，是网络文化中不可缺少的存在。弹幕文化的兴起与发展，遵循一定的文化逻辑，同时在不断突破技术等的限制下，赋予用户更多的主体性，彰显着用户的主体地位。因而，弹幕等相关网络评论形式，以技术为支撑，以网络平台为媒介，以线上形式实现带有个人情感倾向的表达。弹幕也有与交互相关的形式，这种形式主要体现用户与用户间的互动、用户与内容之间的交互。弹幕更多地体现了用户参与式的交互行为，也是体现参与式文化的表现形式之一。弹幕评论作为一种新型的评论方式，与传统的评论有所不同，相对于一般的评论数据而言，弹幕数据更具有及时性，其包括用户当下的情感表达、认知态度、评价议论等，能及时反映出用户的主观情绪，并且弹幕数据还包含着评论文本和视频的相关时间与信息点数据等。由此可见，弹幕评论最突出的特点便是具有及时性的特征，可满足用户随时评论、表达、交往、互动等需求，而这也是一种新式的社交媒介的发展趋向。通过弹幕及时表达，可以反映用户当时的情绪特点、观点态度等。弹幕文本具有匿名性、融合性、及时交互性等特征。从这三个特征来看，弹幕文本由用户通过媒体平台进行发布，再形成实时的传播内容，因此，交互性和情感表达便达到极大程度的统一。弹幕也可被理解为一种符号形式，并且是带有一定情感色彩的符号表达，而情感兼具自然属性与社会属性，是一种态度的传递，能反映出社会的某些普遍性情绪，可视作一种文化力量的彰显，通过情感的表达和传递，可以唤起用户的情感共鸣，引发强有力的认同感，突出有关于情绪的张力感。譬如，观看视频时，可在弹幕上发现一些相同的评论性言语，甚至有用户表示认同前面的弹幕评论，这种形式也是弹幕评论环境下较为常见的，这便是一种由情感表达带来的共鸣与认同。

3. 网络弹幕文本分析

笔者选取国内外知名博主"我是郭杰瑞""肉肉大搜索""李子柒"关于川渝美食的视频作为样本，利用Python语言的形式，对视频样本进行弹幕、评论抓取分析和研究。通过相关词频、情感词语的呈现，对不同视频进行分析，并制作出相关的可视化分析图。

以博主"我是郭杰瑞"在哔哩哔哩网站平台发布的视频为例，视频《麻婆豆腐传人在美开店，我吃了好多花椒！》，其观看量为58.5万次、评论数为1.1万条。通过Python从该样本中抓取到的弹幕数据为4802条，形成相关解析示例表参见表6-1。根据弹幕文本进行分析，采用可视化的"标签云"形式展示出现频率较高的弹幕词，如图6-4所示。其中较为突出的弹幕词有："这个不辣""哈哈哈""小妹儿""这个真的不辣""厉害了"等。

然后，又挖掘了美食博主"肉肉大搜索"的视频《成都"爆火"冷锅串串，半条街都是他家桌子，5毛一串171元一大盆，天天火爆，老板说：我家根本没有特色》生成的标签云如图6-5所示。

表6-1　"我是郭杰瑞"视频数据解析示例

协议数据	字段说明
0a	// 数据固定报头
4d	// 数据长度77
08 87 80 c0 a2 c5 cc ba 5a	// 弹幕 ID：
10 94 21	// 出现位置：4244
18 01	// 弹幕模式：顶部
20 19	// 字体大小：25px
28 ff ff ff 07	// 弹幕颜色：#ffffff
32 08 36 31 32 30 33 61 32 64	// CRC32 值：61203a2d
3a 03 e5 95 a6	// 弹幕内容：啦
40 9e cd c1 86 06	// 发送时间：2021-06-21
48 04	// weight：4
62 11 35 30 39 32 33 32 31 32 34 34 30 30 37 36 32 39 35	// 弹幕 ID 字符串格式
70 de e4 ff f2 01 a2 01 01 30 aa 01 01 30	// 含义未知

图6-4 "我是郭杰瑞"的视频样本标签云

图6-5 "肉肉大搜索"的视频样本标签云

二、美食视频的词频分析

文本分析法或内容分析法，都是一种对显性的内容进行客观、定量描述的研究方法。与日常所熟知的问卷调研法相比，文本分析法的优势在于：可通过对文本的深入分析，尽可能地获得用户完整的心理感知、心理情绪等。在文本分析层面，采用ROST CM 6.0软件对前期获得的弹幕评论关键词等进行解析，可对相关高频词和情感词语等进行有效的提取，这种形式的研究方法多被应用于管理学、社会学等不同领域。因而，采用这种研究方法可以较为直接地得到不同文化背景下的美食视频，研究用户对该视频内容的情感表达、讨论热点、相关联想性的语义分析等。

词频分析（frequency analysis），主要根据统计所选取的视频样本中相关词语等出现次数的多少，挖掘文本内容或信息中隐藏的信息，并通过软件等，对词频中所出现的词语等进行语义分析，总结语言描述中的规律，因此，词频分析可谓一种较为初级，但不失有效性的文本挖掘方法。与上一个部分利用Python进行基础性文本抓取相比，此方法对样本数据的情感分析部分有所欠缺，不具备相应的直观性。如表6-2所示，在进行ROST研究分析时，由于后期需要对语义进行分析挖掘，在选择样本时，都选择了具有中文评论的样本进行分析挖掘。

表6-2　ROST研究视频样本

序号	网站平台	国内/国外博主	博主名称	视频名称	播放量	弹幕/评论量
1	哔哩哔哩网站	国内博主	肉肉大搜索	成都"爆火"冷锅串串，半条街都是他家桌子，5毛一串171元一大盆，天天火爆，老板说：我家根本没有特色	189.3万次播放	2815条
2	哔哩哔哩网站	国外博主	我是郭杰瑞	麻婆豆腐传人在美开店，我吃了好多花椒！	58.5万次播放	1.1万条
3	哔哩哔哩网站	国内博主	李子柒	四川腊肉和川味香肠，家里做了几十年的方子	104.7万次播放	3032条

此次词频分析，主要从几个不同层面对相关视频进行研究。其一，了解在具有高关注度的美食博主的视频中，用户对于具有巴蜀特色、有代表性的饮食视频的整体感知；其二，通过分析相关的词频、语汇，了解在提及巴蜀饮食、巴蜀文化时用户的关注角度；其三，通过分析词频、词语等得出对巴蜀饮食文化发展具有借鉴意义的方向。

通过软件ROST CM 6.0对李子柒视频样本（哔哩哔哩网站）的网络弹幕、评论（文本格式.txt）等进行词频分析，如表6-3所示。对排序前列的高频词语进行总结，具体相关词频顺序如下，其中排名前5的词语分别是：香肠、姐姐、四川、花椒、好吃。

表6-3　李子柒视频（哔哩哔哩网站）词频

序号	评论词语	频次	序号	评论词语	频次
1	香肠	94	26	肥肉	13
2	姐姐	70	27	老家	13
3	四川	56	28	想起	12
4	花椒	48	29	还要	12
5	好吃	46	30	灌肠	11
6	我家	44	31	红色	11

续表

序号	评论词语	频次	序号	评论词语	频次
7	啊啊	44	32	讲究	11
8	腊肠	42	33	树枝	11
9	人家	37	34	颜色	10
10	宜昌	37	35	菜刀	10
11	竹子	36	36	女神	9
12	口水	35	37	南充	9
13	小时候	35	38	重庆	9
14	大户	32	39	过年	9
15	厉害	30	40	奶奶	8
16	柏树	24	41	好评	8
17	家里	22	42	好看	8
18	猪肉	21	43	妈妈	8
19	烟熏	20	44	怀念	8
20	辣椒	16	45	做法	8
21	超级	15	46	新鲜	7
22	冬天	14	47	种田	7
23	老婆	14	48	陈皮	7
24	能干	13	49	正宗	7
25	漂亮	13			

使用软件ROST CM 6.0对"肉肉大搜索"视频样本（哔哩哔哩网站）进行词频分析，参见表6-4，部分相关词频顺序如下，其中排名前5的词语分别是：黄花菜、折耳根、成都、好吃、串串。

表6-4　"肉肉大搜索"视频（哔哩哔哩网站）词频

序号	评论词语	频次	序号	评论词语	频次
1	黄花菜	116	26	世家	17
2	折耳根	116	27	肥肠	14
3	成都	113	28	永远	14
4	好吃	104	29	可爱	13
5	串串	81	30	新鲜	12
6	牛肉	75	31	特色	12
7	衣服	68	32	我家	12
8	签子	65	33	贡菜	11
9	肉肉	59	34	附近	10
10	土豆	56	35	灵魂	9
11	凉拌	48	36	路过	9
12	便宜	46	37	茼蒿	8
13	热乎	40	38	美食	7
14	火锅	39	39	地方	6
15	啊啊	38	40	锅底	6
16	分钟	34	41	夏天	6
17	口水	32	42	重庆	6
18	鱼腥草	30	43	好评	4
19	姐姐	29	44	中国	3
20	黄花	26	45	羡慕	3
21	一串	23	46	路边	3
22	竹签	22	47	过瘾	2
23	味道	22	48	调料	2
24	四川	18	49	幸福	2
25	香菜	17	50	安逸	2

同样，再对"我是郭杰瑞"视频样本（哔哩哔哩网站）进行词频分析，参见表6-5，部分相关词频顺序如下，其中排名前5的词语分别是：花椒、豆腐、味觉、四川、跳舞。

表6-5 "我是郭杰瑞"视频（哔哩哔哩网站）词频

序号	评论词语	频次	序号	评论词语	频次
1	花椒	349	26	陈麻婆	44
2	豆腐	282	27	跳跳	43
3	味觉	206	28	米饭	40
4	四川	141	29	味道	39
5	跳舞	139	30	川菜	38
6	传人	131	31	服务员	34
7	辣子鸡	123	32	中国	31
8	美国	111	33	可爱	31
9	成都	104	34	重庆	29
10	舌头	100	35	苦瓜	28
11	辣椒	91	36	辣妹	27
12	小妹	82	37	调料	26
13	好吃	76	38	嘴巴	26
14	郭杰瑞	73	39	豆瓣	26
15	老板	70	40	老外	25
16	正宗	69	41	麻辣	24
17	失灵	59	42	明天	23
18	妹儿	57	43	辣子	23
19	第八	56	44	家常菜	16
20	厉害	55	45	郫县	15
21	刀削面	55	46	中国化	7
22	口味	52	47	冰水	7
23	不够	50	48	要不	7
24	筷子	47	49	麻油	7
25	口水	45	50	吹牛	6

三、美食视频的语义网络分析

利用词频分析的方法，可以通过完整提取词组的属性来反映与事物相关的主要特征等，相比之下具有一定的直接性，但不能反映词组所隐含的相关特定意义、深层次的表达、事物之间的联系性、相互之间存在的结构关系等，因此利用语义网络分析，可更为明了地传递出要素之间相互的联系，并通过建构相关的语义网络图，直观地反映关键因素间的关系等。

在进行语义网络分析时，首先，需要将现有的样本数据进行分类统计，并进行分词处理，同时过滤处理掉多余无用或重复的词语等，进一步生成VNA文件，进而对文件进行分析处理，最终生成对应的语义网络图。从语义网络图的相关层级结构进行分析，一般会有核心向边缘延续的特征出现，愈加重要的内容或节点会更加突出，并呈现发散的趋势，其周围环绕着更低一级或多级的子群，形成与核心节点相关的网络图，并且与核心节点或中心点的距离越近，代表着与中心点的词组和内容的关系就更加紧密，与之距离越远，关系就越疏远。在此基础上，也

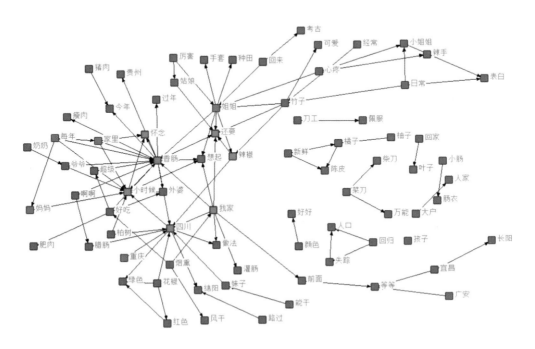

图6-6　李子柒视频语义网络图（哔哩哔哩网站）

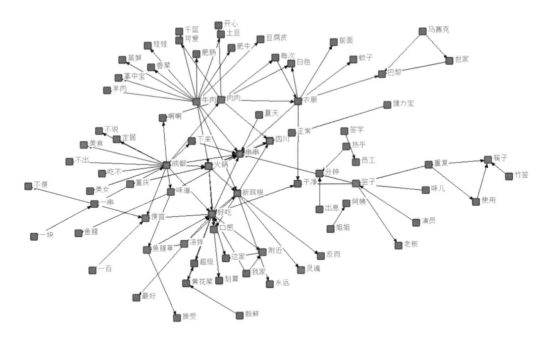

图6-7 "肉肉大搜索"视频语义网络图（哔哩哔哩网站）

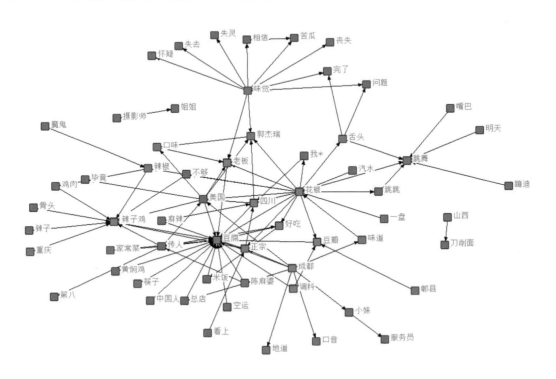

图6-8 "我是郭杰瑞"视频语义网络图（哔哩哔哩网站）

可通过线条的疏密程度对词语共现频率的高低进行反映，其中线条处于越密的趋势，则表明共现的次数就越多，频率越高；线条越稀疏，则共现次数就越少，频率越低。

从分析出的语义网络图来看，在哔哩哔哩网站上所选取的"李子柒"视频样本中，整体呈现出"核心—边缘"的结构趋势，如图6-6所示，在此视频样本中的中心词有：四川、香肠、小时候、怀念、我家、辣椒、还要等词语。在对弹幕、评论等文本进行收集后，同样进行分词处理，对所筛选出的词语文本进行语义网络分析，如图6-7所示为哔哩哔哩网站上所选取的"肉肉大搜索"视频样本语义网络分析图，在此次视频中所出现的中心词有：成都、火锅、串串、四川、好吃、折耳根等。图6-8为哔哩哔哩网站上所选取的"我是郭杰瑞"视频样本语义网络分析图，其中相关的中心词有：豆腐、四川、花椒、好吃、正宗、成都、豆瓣、调料、辣子鸡等。

从上述三段样本视频的语义网络图来看，都呈现出具有相同性的特征，具体可将其归纳为四个层次，分别为核心层、次核心层、过渡层、边缘层，通过对结果进行归纳，不同圈层中的高频词语参见表6-6。

表6-6　巴蜀饮食视频语义网络图不同层级词语

圈层	李子柒视频	"肉肉大搜索"视频	"我是郭杰瑞"视频
核心层	怀念、香肠、小时候、四川、我家、辣椒、还要、想起	成都、串串、四川、火锅、折耳根、好吃、口感	豆腐、正宗、四川、好吃、豆瓣、成都、调料、辣子鸡、花椒、老板
次核心层	姐姐、家里、每年、妈妈、重庆、外婆	牛肉、肉肉、味道、签子、附近、灵魂、凉拌、鱼腥草、便宜、重庆、味道、美食、衣服	陈麻婆、味道、郭杰瑞、口味、味觉、辣椒、家常菜、重庆、筷子、地道、跳舞、舌头、筷子、美国、麻辣、传人
过渡层	好吃、做法、超级、爷爷、今年、啊啊、腊肠、烟熏、花椒、绵阳、姑娘、厉害、绿色、红色、妹子、前面、竹子、心疼、小姐姐、辣手、日常、表白、橘子、陈皮、人口、失踪、回来、等等、柏树、回归、菜刀、新鲜	每次、白色、衣服、干净、分钟、我家、这家、超级、黄花菜、一串、下来、重复、巴黎、世家、正常、啊啊	米饭、我、总店、空运、中国人、黄焖鸡、毕竟、跳跳、苦瓜、完了、丧失、明天、小妹、不够、相信、明天

续表

圈层	李子柒视频	"肉肉大搜索"视频	"我是郭杰瑞"视频
边缘层	猪肉、贵州、瘦肉、奶奶、肥肉、风干、路过、能干、广安、宜昌、长阳、颜色、好好、孩子、柴刀、大户、万能、肠衣、人家、小肠、叶子、回家、柚子、刀工、佩服、经常、可爱、考古、种田、手套、过年、灌肠	永远、划算、新鲜、接受、最好、一百、鱼腥、一块、不便、不出、美女、吃不、定居、不说、夏天、羊肉、掌中宝、香菜、莴笋、娃娃菜、可爱、千层、肥肠、土豆、开心、豆腐皮、前面、蚊子、马赛克、健力宝、热乎、味儿、竹签、使用、演员、老板、姐姐、阿姨、出息、反而	服务员、看上、第八、辣子、骨头、鸡肉、毕竟、魔鬼、摄影师、姐姐、怀疑、失去、失灵、嘴巴、汽水、一盘、蹦迪、山西、刀削面、口音

第一层级为核心层，由怀念、香肠、小时候、四川、我家、辣椒、还要、想起、成都、串串、四川、火锅、折耳根、好吃、口感、豆腐、正宗、调料、辣子鸡、花椒等词语组成，主要与四川的饮食、特色、地域、味道等相关，这些词语要素体现了巴蜀饮食文化的特点，具有独属于巴蜀地域特色的饮食文化。

第二层级为次核心层，次核心层主要由核心层进行扩展，由姐姐、家里、每年、妈妈、鱼腥草、味道、美食、口味、辣椒、家常菜、重庆、地道、跳舞、麻辣、舌头等词语组成，此类圈层的词语都与核心层之间有着紧密联系，由其进行进一步的拓展，与巴蜀饮食文化相关联。

第三层级为过渡层，主要包括：好吃、做法、爷爷、烟熏、厉害、日常、回归、每次、超级、正常、米饭、黄焖鸡、丧失、不够、中国人、空运等词语，通过对这一层级的词语进行提炼可看出，该层级与核心层的关系有了一定的疏远，多是次核心层与边缘层的过渡词语，由次核心层的词语发散而来，在一定程度上反映了对次核心层的延伸。

第四层级为边缘层，主要由猪肉、贵州、风干、能干、颜色、回家、刀工、考古、过年、划算、新鲜、羊肉、香菜、热乎、味儿、竹签、老板、辣子、鸡肉、怀疑、失灵、汽水、山西、刀削面、口音等词语构成，该层级的关键词与前面几个层级的关键词相比呈现进一步延伸趋势，与核心层关键词的关联度也越来越低。通过对三张样本语义网络图不同层级词语的分析，可归纳出"核心层—次核心层—过渡层—边缘层"，利用以此为主要线索的四层发散式结构，通过对巴蜀饮食视频进行分析，将用户对巴蜀饮食的基本认知、整体感知以及语义联想等较为直观地呈现出来。

通过对语义网络图的进一步分析可看出，在不同博主的饮食视频中，巴蜀饮食所体现的文化都有一定的共通性和差异性，共通性在于都体现了四川、重庆等地的美食特点，有关于巴蜀地区独特的美食口味，也有关于巴蜀地区独特的调味风格，而这种有关于巴蜀饮食的特点，通过人们对菜品的官能感知可进一步引发人们的联想，引起人们的思考与怀念，展现具有巴蜀地区特色的精神文化。差异性的体现则更多在于不同博主选择的巴蜀饮食，如李子柒选取的是独有巴蜀风味特色的香肠，无论是选用的食材、制作工艺、视觉呈现等都从官能层面，让用户通过观看视频引发精神层面的联想与怀念。如图6-9所示，弹幕评论中出现哇想奶奶了、想起小时候等带有情感化色彩的语言，由此可见，饮食对于人的影响不仅只是简单的果腹而已，甚至能通过饮食背后所传递的联想与回忆，直接作用到人的思想与精神层面。可见中国人对于食物的情

图6-9　李子柒视频中的弹幕评论

图6-10 "肉肉大搜索"视频中的弹幕评论

感是多维层面的，也有着对于记忆和家乡的思念，是怀旧，是对于曾经味道的留恋。如图6-10所示，"肉肉大搜索"的视频则从具有巴蜀特色的冷锅串串出发，串串本就具有独有的特色，作为一种区别于平常食物的独特美食，串串将多种不同食材进行汇集，可以在一次进餐过程中食用到不同种类的食材，满足不同用户的需求，因此视频中所呈现的弹幕评论语言，也多在描述串串的特点与包容性。"我是郭杰瑞"的视频，从具有巴蜀特色的菜品麻婆豆腐出发，体现出了巴蜀饮食的特点，譬如调料多样、口味丰富、具有四川特点、极具代表性等，从一个外国博主的视角去探寻巴蜀美食的特点。由此可见，所选取的三段视频和样本都具有各自的特点，但其共同性是都在表现巴蜀饮食文化的不同层面，表现不同用户对巴蜀饮食文化的认知等。

四、美食视频的情感分析

弹幕或评论中的语言描述，具有一定的情感倾向，进一步分析不同内容的感情色彩，可探知用户对于巴蜀文化的整体感知，采用词频分析、情感分析、网络语义分析的方法，对所选取的视频样本进行深入探究，可以更加全面、整体地了解用户关于巴蜀饮食文化的情感态度，具体见表6-7所示。用户对于巴蜀饮食文化的情感态度是巴蜀文化体验的重要组成部分，积极情绪可反映用户对于此次饮食体验的认可度，也从侧面反映了用户对于巴蜀饮食文化的认同度和接受度。从相关研究来看，情感分析作为一种研究的方法，常被应用于市场营销的分析之中，这种形式可以更快速、实时地反映用户的相关评价与情感态度。

表6-7　巴蜀美食视频情感分析

名称			李子柒视频	"肉肉大搜索"视频	"我是郭杰瑞"视频
发言总数			2284 条	2095 条	4359 条
积极情绪数量			832 条	676 条	1466 条
积极情绪百分比			36.43%	32.27%	33.63%
积极情绪分段统计	一般（0～10）	数量	601 条	481 条	1119 条
		百分比	26.31%	22.96%	25.67%
	中度（10～20）	数量	168 条	161 条	287 条
		百分比	7.36%	7.68%	6.58%
	高度（20以上）	数量	63 条	34 条	60 条
		百分比	2.76%	1.62%	1.38%
中性情绪数量			1148 条	1114 条	2170 条
中性情绪百分比			50.26%	53.17%	49.78%
消极情绪数量			304 条	305 条	723 条
消极情绪百分比			13.31%	14.56%	16.59%
消极情绪分段统计	一般（0～10）	数量	251 条	251 条	570 条
		百分比	10.99%	11.98%	13.08%
	中度（10～20）	数量	45 条	41 条	132 条
		百分比	1.97%	1.96%	3.03%
	高度（20以上）	数量	4 条	2 条	2 条
		百分比	0.18%	0.10%	0.05%

从情感分析的角度出发，采用 ROST CM 6.0 软件中的情感分析工具对三段视频的弹幕评论文本进行分析。总体可将其分为三种情绪特点：第一种为积极情绪、第二种为中性情绪、第三种则是消极情绪。其中对积极情绪和消极情绪分别进行进一步的统计和细分，具体区分为一般、中度、高度三个层次。通过对三种情绪态度的分析，可以看出多以积极情绪和中性情绪为主，而消极情绪成分较少，积极正向的情绪包括："好美""好吃""哈哈哈哈哈""喜欢""真的好能干""哇，好想吃""好漂亮"等情绪表达，而这些词语都表明了用户对于巴蜀美食的感知度与认可度；"哇，以前我和我爷爷就用这个做的香肠""想吃我外公做的香肠了"等语言的表达体现了由美食引起用户的联想与思考；"四川年底的时候大街小巷的阿姨们都是这样装香肠的""这才是生活啊，比起城里面住小区的日子，这才是真的让人向往的生活啊"等这类语言的表达体现了巴蜀饮食独有的地域性等特色。从消极情绪来看，相关弹幕评论中出现的"鱼腥草真的吃不了""比昨天那个辣得难受的好多了""我喜欢凉拌折耳根，但煮了的我就不爱吃"等这些语言的表达体现了巴蜀饮食文化中有一些比较特别的食材，如折耳根等并不被所有用户接纳，对其表现出一定的消极情绪。

五、饮食文化中的身份认同

《汉书·地理志》言："巴、蜀、广汉本南夷，秦并以为郡，土地肥美，有江水沃野，山林竹木疏食果实之饶。南贾滇、僰僮，西近邛、笮马旄牛。民食稻鱼，亡凶年忧，俗不愁苦，而轻易淫佚，柔弱褊阸。"在巴蜀饮食文化长期的发展史中，因各地的历史、地域、政治、经济、风俗等的积淀，形成了各地独有的特色，可谓"一方水土、一方菜"。巴蜀饮食文化中，以川菜为代表有着典型的特色，由于长久以来对味道、饮食文化等的追求，巴蜀地区的人们不断提升自己对于饮食文化的认知，也常出现一些"川人善饮食"等较高的评价性语言。

在日常生活中，提及四川、成都、重庆等与巴蜀地区相关的字眼时，一定不会遗漏巴蜀饮食这一具有代表性的特色，从一定程度来说，饮食文化对于巴蜀地区乃至其他地区的人都有着重要的影响，而巴蜀饮食也可谓久负盛名。巴蜀地区的饮食如同一张识别度非常高的名片，是一种对身份的认同。譬如，当提及火锅这一类的饮食时，无论是成都还是重庆，都一定会被关注，而火锅也通常被作为巴蜀地区的特色，具有非常强的代表性意义。再如，中国香港地区人们喜欢饮茶，并且这种具有"港式"特点的饮茶习惯在一定程度上不仅是饮食习俗的反映，更是一种自我身份的反映，是一种文化行为的体现，也是一种用以表现香港人构建身份认同和强化社会关系的方式。

从饮食人类学的角度来看，口味、习性等的生活习惯，似乎是一个很奇妙的现象，在不知不觉间，这些习惯隐含着一定的文化认同和文化自觉，只是通过不知觉的反映，在生理层面留下了"特殊的印记"，并逐渐演变成了一种"记忆的感觉"，这种特别的记忆自然地将带有文化印记的符码刻印在人类味觉的感受中，久而久之，便成为人类口中的"习性"。川味中的辣也在一定程度上体现了巴蜀人热情、好客的性格特点，《礼记·王制》记载："凡居民材，必因天地寒暖燥湿，广谷大川异制，民生其间者异俗，刚柔轻重，迟速异齐，五味异和，器械异制，衣服异宜。修其教，不易其俗；齐其政，不易其宜。"地理条件对饮食文化的形成产生了重要影响，一方水土的饮食文化中，带有当地人对其根深蒂固的眷顾。

在历史的进程中，巴蜀地区的人们已经逐渐形成了一种文化认同感，对于巴蜀的味道有自己的记忆与独特的理解。譬如《川味》这一部纪录片，以讲述各类四川的美食为主，以川菜中的名菜作为开篇，记录巴蜀地区各类的民间风味，挖掘出藏在山间田野处独具特色的食材，诠释着四川的美味佳肴，并探寻着饮食与四川人之间的关系。在视频片段中不难发现，弹幕的评论里隐藏着观看者对巴蜀饮食的认同感。诸如："最爱川菜，我上辈子一定是四川人""山东人来看川味儿""恨自己没生在四川""啊啊啊啊啊我大四川啊""泪目"等具有浓烈情感化色彩的语言。这些评论性语言都带有用户自己独有的情绪，是用户对巴蜀饮食的热爱，是一种直白的情感表达。由此可见，无论是巴蜀地区还是其他地区的人们都对巴蜀地区的饮食有着强烈的认同感，而巴蜀饮食对于巴蜀人来说是一种地域印记的象征。

第四节 川派食物设计实践与探索

一、实践目的与背景

将前述章节提炼的食物设计"餐桌框架"应用于设计创作，探索本土文化语境下的食物设计从理论向实践的转化。如图6-11所示，从官能路径、场景路径、关系路径、功能转迁、文化消费、生态价值观六条路径进行梳理，探寻出巴蜀文化中食物设计的创新转化路径。从不同的维度，对巴蜀文化语境下的食物设计形式进行创新式探索。以全局性和系统性的观念，对食物设计进行分析与研究，既体现巴蜀饮食文化因素，又从设计角度对食物进行介入，使食物与文化相互融合，探寻在巴蜀饮食文化背景下，食物与人之间的关联，重塑文化体验，创造出带有四川地域饮食文化韵味的食物设计，进一步提高对川派饮食文化的认知度，提升对食物设计的理解，增强地域文化发展的文化自信。

巴蜀地区有着源远流长的饮食文化积淀，如茶文化、川菜文化、酒文化等不同的饮食文化都是该地区人们在长期的饮食生活和消费过程中所形成的物质财富和精神财富。四川作为川菜的发源地、成都作为联合国教科文组织授予的"美食之都"，均拥有深厚的食物设计渊源背景。专门针对四川的川派食物设计亟待开展，在食物设计这方面的探索四川可以走在全国前列。基于此考虑，依托"餐桌框架"作为指引，专门对四川饮食文化视域下的食物设计实践进行构思，将食物设计置于巴蜀文化语境之下，强化四川的地域文化特征，通过食物设计重新思考食物与人、社会等之间的

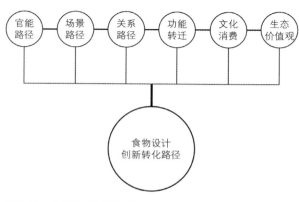

图6-11 食物设计创新转化路径

关系，让食物创新由追求生理价值向追求心理价值进而向追求精神价值转变，实现多层次的价值追求。

二、设计主题：川派下午茶

茶文化是中国传统文化中一个极为重要的组成部分。自古以来，中国茶文化的交流与传播，促进了世界文化的融合和发展。中国的茶文化在一定程度上催生了英国的茶文化，在与自身的文化相互交融中，形成了其独具特色的"英伦茶文化"，英国的下午茶文化距今已有三百多年的历史。英国的下午茶文化相较而言，似乎更为耳熟能详，但作为茶文化起源地的中国，也有着属于自己特色的茶文化。四川的茶文化也是巴蜀文化的一个重要体现。川茶文化源远流长，距今已有3000多年的历史，是巴蜀饮食文化不可或缺的一部分。相较于"英式下午茶"的发展历程，巴蜀地区茶文化的历史更为久远，并在历史的进程中，逐渐传承并发展。当下遍布四川地区的茶馆，是巴蜀人休闲、安逸的生活氛围和社交形式的体现。

通过食物设计创新，让食物能更多地传递出隐藏于食物背后的生活状态、人文风貌及风土人情，从而增强人们在饮食过程中对巴蜀饮食文化的认同感，表达更深层次的思考。围绕川派，重塑有关于巴蜀饮食文化的文化体验，探寻具有巴蜀饮食文化特色的食物设计体系，突破饮食者对食物本身固有的认知印象，并跟随生活形态的变迁，重新认识食物在特定语境里所发挥的作用。"川派下午茶"使人们在实践中加深理解饮食是文化性和生物性之间相互作用、相互影响的共同结果。食物创新的出发点则是试图通过食物让人与人、人与社会之间的连接产生新的价值，重塑一种文化关系。

1. 设计思路一

将具有巴蜀特色的文化进行梳理，分别选取多个特色文化元素进行排列，通过对用户进行测试，将其印象最为深刻的文化元素进行归纳提取。如图6-12所示，火锅、串串、大熊猫作为四川地区极具代表性的元素是该地区的象征。其中火锅与串串属于饮食文化，在一定程度上改变着人们日常聚餐形式，缩短了人与人之间交流的距离，更多是营造了热闹的氛围；大熊猫与竹之间形成了天然的密切联系，而这些都属于巴

设计来源	元素提取	设计触点
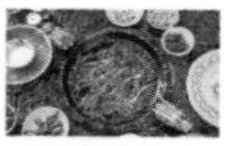	火锅	热烈、氛围融洽
	串串	热闹、食用的多样性
	熊猫、竹	生物多样性、代表性
	盖碗茶	茶文化、地域性
	市井气息、屋檐、砖瓦	烟火气、热闹、历史文化
	辣椒	火辣、代表性、特色
	花椒	代表性、独特风味
	竹、竹制品、竹编工艺、绿色	地域性、品质、绿色生态
	休闲生活、竹椅、茶文化	精神生活文化、休闲、安逸、人与人的交流、文化的延续
	芙蓉花	蓉城、花重锦官城、代表性
	银杏叶、绿色、春天	生机、春天、代表性
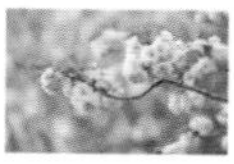	成都青白江樱花	生机、春景

图6-12 设计思路一

蜀地区的特色；盖碗茶、屋檐、市井、竹椅、茶馆等都是巴蜀地区生活氛围和生活场景的体现，是烟火气息的象征，也是李白笔下的"九天开出一成都，万户千门入画图"这样的盛景。芙蓉花、银杏叶、成都青白江樱花这三种植物都具有一定的代表性，成都因芙蓉花而又名"蓉城"，芙蓉花是生机的象征。辣椒和花椒无疑是巴蜀地区饮食文化中不可或缺的元素，巴蜀地区的饮食文化虽不仅仅是麻辣，但是麻辣是巴蜀地区饮食风味的代表之一，来自味觉、嗅觉、视觉等的多种感官冲击都使人感受到巴蜀地区独特的饮食风味。人类生活在一个由食物等构建的社会之中，食物对于人类而言是不可脱离的存在，食物不仅为人类带来了生命的健康与延续、生活的愉悦，而且饮食文化的传承与创新，促进了文化间的交流，影响着人类与社会的发展。

2．设计思路二

分别选取四川地区具有代表性的食物元素，如图6-13所示，并对其从酸、甜、苦、辣、麻五个层面进行归纳，这五个层面不仅是从味觉角度出发，在人文角度更是代表了人生百态的多重滋味，食物是将人类与世界连接起来的重要因素之一，食物设计不仅针对食物本身，还从设计角度对食物与人、食物与社会等之间的关系进行改变，是将食物作为材料载体，利用食物设计思维对生活的一种解读和呈现。川菜历来有"一菜一格""百菜百味"之说，每一种元素的选取与不同味道的呈现都反映着巴蜀饮食的独特之处，由不同的味道共同组成了一次"川式下午茶"。通过多官能通道之间的相互作用，将食物本身所呈现的颜色进行提取，形成一套属于巴蜀地区饮食文化特色的"酸、甜、苦、辣、麻"视觉色彩效果，使之呈现由视觉层面向味觉层面的通感式转译，从官能路径上形成多维度的沉浸式体验。

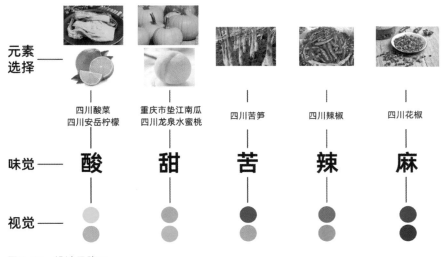

图6-13　设计思路二

三、设计方案呈现：川派饮食特色

四方食事，也不过一碗人间烟火。如图6-14所示，是一个具有烟火气息，从多个角度反映与四川饮食文化有关的食物设计方案展示。以食物的餐具为载体，将四川地域文化中最具有代表性的元素进行设计，融入当地的生活氛围，表现对安逸生活的追求。其中，大熊猫、竹节、竹笋、竹椅等以点心形式进行呈现，竹椅、屋檐与方砖都是四川地区市井烟火、人文气息的体现，是人文生活状态下与食物之间的联系，即以食物为媒介，对市井、人文融合间包容性的体现，而这一层面也正是巴蜀文化包容性的象征。

火锅、串串必定是巴蜀地区最具特色的饮食代表之一，这种区别于传统中餐的饮食形式，反映着当代饮食习惯的变迁与社交需求。串串由火锅演变而来，实际上是火锅的另一种形式，对于四川地区而言，这两种饮食都是一种市井烟火气的体现，是当地老百姓在基于自然环境、食物条件等因素逐渐演变而来的饮食形态。无论是火锅还是串串，都是一种较为容易实现的食用形式，在火锅、串串的餐桌上，不讲等级、无须礼仪，无论怎样都可以尽情享受美食带来的乐趣，并且在火辣、滚烫的食物沸腾间，自然而然地形成了一种其乐融融、轻松愉快的就餐氛围，在推杯换盏间，人与人之间的社交方式、分享行为都可尽情展现，在巴蜀地区的火锅、串串饮食文化中，食物便是联系食物与人、食物与社会的媒介。

甜品、点心等食物一般都是用餐具等进行装盛，如图6-14所示，串串作为此次下午茶中甜品的一种设计形式也是对食用方式等的一种改变，利用串串的形式将成都的代表性元素：芙蓉花、银杏果等进行串联呈现，串串形式的甜品也在一定程度上便于与人分享，利用四川地区的竹制产品进行装盛，不仅贴合巴蜀文化韵味，同时，竹作为一种环保材料更体现了可持续的生态价值观，使食物设计从多个路径对社会发展进行改变、产生影响。

茶，是四川地区非常重要的物产之一，盖碗茶是四川地区一种传统的饮茶方式，饮用盖碗茶有一种别具一格的仪式感。如图6-15所示，是四川著名的花茶"碧潭飘雪""三花茶"，将其作为"川式下午茶"的饮品，用盖碗进行装盛，搭配合适的盘饰，营造了具有川派休闲"安逸"生活氛围的场景。

　　将"川派下午茶"这套食物设计方案，置于食物设计创新框架"餐桌框架"中重新梳理设计目的与创意思路，如图6-16所示。巴蜀文化为食物设计创作提供了最优渥的文化土壤，餐桌上的一道道美味肴馔或饮品，通过官能通道为人们打开了奇妙的多感官体验的大门，最终形成了文化与风物的回响。

图6-14　食物设计实物效果

图6-15　川派的饮食生活景象

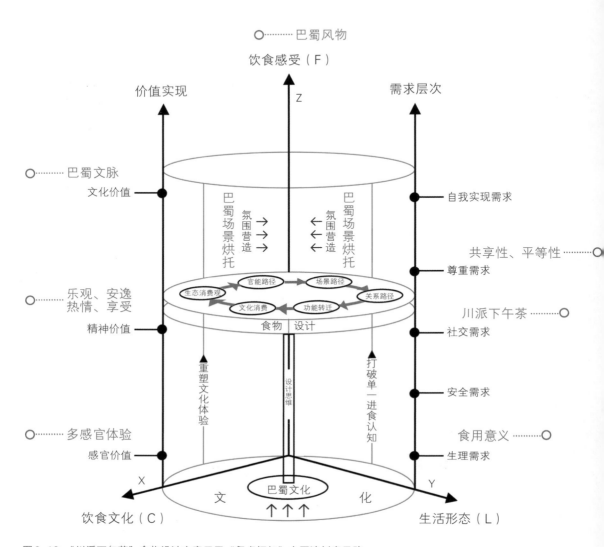

图6-16 "川派下午茶"食物设计方案置于"餐桌框架"中厘清创意思路

参考文献

[1] 李从嘉. 舌尖上的战争 [M]. 长春：吉林文史出版社，2015.

[2] 菲利普·费尔南多－阿梅斯托. 吃：食物如何改变我们人类和全球历史 [M]. 韩良忆，译. 北京：中信出版社，2020.

[3] 赵荣光. 中国饮食文化史 [M]. 上海：上海人民出版社，2014.

[4] 斯特凡纳·比罗，塞西尔·科. 美食设计 [M]. 魏清巍，译. 北京：中国摄影出版社，2013.

[5] 王仁湘. 至味中国：饮食文化记忆 [M]. 郑州：河南科学技术出版社，2022.

[6] 陈莹燕，宋华，员勃. 食物与设计 [M]. 武汉：华中科技大学出版社，2020.

[7] 王绍强，赖秋萍. 食与器——一日三餐的视觉味道 [M]. 南宁：广西美术出版社，2015.

[8] 林桂岚. 挑食的设计 [M]. 济南：山东人民出版社，2007.

[9] 搜狐吃货自媒体联盟. 寻味：舌尖上的世界 [M]. 北京：北京时代华文书局，2015.

[10] 林留清怡. 寻味中国 [M]. 胡韵涵，译. 重庆：重庆大学出版社，2014.

[11] 马文·哈里斯. 好吃：食物与文化之谜 [M]. 叶舒宪，户晓辉，译. 济南：山东画报出版社，2001.

[12] 徐静波. 和食：日本文化的另一种形态 [M]. 北京：北京联合出版公司，2017.

[13] SML 公司. 器物帖 [M]. 郑晓蕾，译. 北京：新星出版社，2016.

[14] 黎德化. 生态设计学 [M]. 北京：北京大学出版社，2012.

[15] 里奥奈尔·阿斯特吕克. 食物主权与生态女性主义 [M]. 王存苗，译. 北京：中国文联出版社，2020.

[16] 张小马. 尝一口未来 [M]. 北京：电子工业出版社，2017.

[17] 左壮. 入味 [M]. 北京：中国轻工业出版社，2015.

[18] 谢嫣薇. 改变世界的味道 [M]. 香港：三联书店（香港）有限公司，2021.

[19] 李春梅，刘佳. 舌尖上的中国：中华美食的前世今生 [M]. 北京：中

国华侨出版社，2012.

[20] 里卡尔迪.食品包装设计[M].常文心，译.沈阳：辽宁科学技术出版社，2015.

[21] 石访访.饮食的文化符号学[M].成都：四川大学出版社，2020.

[22] 冯一冲.吃掉社会：走出厨房看世界[M].香港：三联书店（香港）有限公司，2011.

[23] 金洪霞，赵建民.中国饮食文化概论[M].北京：中国轻工业出版社，2021.

[24] 食帖番组.孤独的泡面[M].桂林：广西师范大学出版社，2017.

[25] 食帖番组.食帖的节气食桌[M].北京：中信出版社，2017.

[26] 弗里德曼.食物：味道的历史[M].董舒琪，译.杭州：浙江大学出版社，2015.

[27] 敦煌研究院.敦煌岁时节令[M].南京：江苏凤凰美术出版社，2022.

[28] 范周.数字经济下的文化创意革命[M].北京：商务印书馆，2019.

[29] 陈睿.推动我国数字创意产业发展研究[M].北京：中国经济出版社，2019.

[30] 蓝勇.中国川菜史[M].成都：四川文艺出版社，2019.

[31] 孙守迁，闵歆，刘曦卉.创新设计[M].北京：中国纺织出版社有限公司，2023.

[32] 王蓉，赵丽，康华西.巴蜀雅韵：文化基因谱系构建与数字化创新设计[M].北京：化学工业出版社，2023.

[33] 扶霞·邓洛普.川菜[M].北京：中信出版社，2020.

[34] 林江.食帖3·食鲜最高[M].北京：中信出版社，2015.

[35] 李世化.中华文化公开课：饮食文化十三讲[M].北京：当代世界出版社，2019.

[36] 袁庭栋.巴蜀文化志[M].成都：四川人民出版社，2022.

[37] 王学泰.华夏饮食文化[M].北京：商务印书馆，2013.

[38] 曹雨.中国食辣史[M].北京：北京联合出版公司，2022.

[39] 池伟，弗朗西丝卡·赞波洛.+86 Designer 100 食物设计[M].北京：化学工业出版社，2023.

谢辞

与食物、饮食文化相关的学术研究，我是从针对川菜文化的餐具产品设计开始的。那是 2007 年的研究课题，冥冥之中就已开始与食物设计结缘，感谢川菜发展研究中心。与食物设计、美食文创等直接相关的设计探索，我先后设计过冷吃风味牛肉和兔丁、文创棒棒糖、文创茶饮、文博文创八珍小馒头等，创设过美食文创品牌"萌吃熊猫"。在此过程中其实很多探索并不成功。但我要感谢这些失败经历，带给我在食物设计研究与探索道路上特别的经验积累。借由这本书，期望能让食物设计研究开始在西华大学扎根发展。此外，特别感谢这一路以来的设计伙伴成都东软学院的费凌峰老师，也感谢美食创业商业道路上的伙伴周姐、吴哥，还有赖赖。本书的撰写还得到了父母的关心，以及西华大学陈睿老师、四川师范大学赵婧老师、成都大熊猫繁育研究基地孙杉女士的支持，还有我的老同学南京林业大学桑瑞娟老师和北京印刷学院张雯老师的鼓励。谢谢成都市青白江区残联为本书提供了残障人士通过食物设计参与社会创新的真实案例。还要感谢探索"政产学研用创"道路上的所有合作单位，包括各博物馆和景区、研究机构、企事业单位、渠道商和供应商。最后，感谢"澜山"的各位设计师与同仁、工作室的各位同学们。

成都是一个颇具幸福感的城市，拥有数量众多的美食。每一道美食都蕴含着幸福的因子，是每个人追求美好生活的缩影。欢迎大家在旅游中体验美好而独特的巴蜀饮食文化。

周睿

2023 年 12 月

在食物设计的创作阶段，感谢华杨先生对照片拍摄工作的全面支持。本文中诸多的数据抓取、数据分析还得到了梁静女士、赵洪伟先生、刘磊先生等的帮助，在此对他们表示真诚的谢意。本书的顺利出版，得到了四川旅游学院艺术学院和成都农业科技职业学院休闲旅游学院领导的支持，得到了化学工业出版社孙梅戈老师的鼓励。

无论是学术研究还是设计实践的道路，注定不会一帆风顺，或有坎坷与波折。倘若就像远古时代人们对待食物一样，保持一颗感恩的或敬畏的心，执着地去追求，相信终有回报。"路漫漫其修远兮，吾将上下而求索"，与君共勉。

杨子莹　高森孟

2024 年 1 月